堀紘一 Koichi HORI——著　　周紫苑——譯

說話的本質

心を動かす話し方

好好傾聽、
用心說話，

話術只是技巧，內涵才能打動人

本書改版自《別怕和老狐狸說話：簡單說、認真聽，學會和你不喜歡的人打交道》

經營管理141

說話的本質：

好好傾聽、用心說話，話術只是技巧，內涵才能打動人

作　　者　堀紘一（Koichi Hori）
譯　　者　周紫苑
責任編輯　文及元
行銷業務　劉順眾、顏宏紋、李君宜

總 編 輯　林博華
發 行 人　凃玉雲
出　　版　經濟新潮社
104台北市中山區民生東路二段141號5樓
電話：（02）2500-7696　傳真：（02）2500-1955
經濟新潮社部落格：http://ecocite.pixnet.net
發　　行　英屬蓋曼群島商家庭傳媒股份有限公司城邦分公司
104台北市中山區民生東路二段141號11樓
客服服務專線：02-25007718；25007719
24小時傳真專線：02-25001990；25001991
服務時間：週一至週五上午09:30~12:00；下午13:30~17:00
劃撥帳號：19863813　戶名：書虫股份有限公司
讀者服務信箱：service@readingclub.com.tw
香港發行所　城邦（香港）出版集團有限公司
香港灣仔駱克道193號東超商業中心1樓
電話：852-25086231　傳真：852-25789337
E-mail: hkcite@biznetvigator.com
馬新發行所　城邦（馬新）出版集團Cite（M）Sdn. Bhd.（458372 U）
41, Jalan Radin Anum, Bandar Baru Sri Petaling,
57000 Kuala Lumpur, Malaysia.
電話：（603）90578822　傳真：（603）90576622
E-mail: cite@cite.com.my
印　　刷　漾格科技股份有限公司
初版一刷　2017年9月14日
二版一刷　2021年8月17日

城邦讀書花園
www.cite.com.tw

ISBN：978-986-06579-1-3

定價：340元　　Printed in Taiwan

〈出版緣起〉
我們在商業性、全球化的世界中生活

經濟新潮社編輯部

跨入二十一世紀，放眼這個世界，不能不感到這是「全球化」及「商業力量無遠弗屆」的時代。隨著資訊科技的進步、網路的普及，我們可以輕鬆地和認識或不認識的朋友交流；同時，企業巨人在我們日常生活中所扮演的角色，也是日益重要，甚至不可或缺。

在這樣的背景下，我們可以說，無論是企業或個人，都面臨了巨大的挑戰與無限的機會。

本著「以人為本位，在商業性、全球化的世界中生活」為宗旨，我們成立了「經濟新潮社」，以探索未來的經營管理、經濟趨勢、投資理財為目標，使讀者能更快掌握時代的脈動，抓住最新的趨勢，並在全球化的世界裏，過更人性的生活。

之所以選擇「經營管理——經濟趨勢——投資理財」為主要目標，其實包含了我們的關注：「經營管理」是企業體（或非營利組織）的成長與永續之道；「投資理財」是個人的安身之道；而「經濟趨勢」則是會影響這兩者的變數。綜合來看，可以涵蓋我們所關注的「個人生活」和「組織生活」這兩個面向。

這也可以說明我們命名為「經濟新潮」的緣由——因為經濟狀況變化萬千，最終還是群眾心理的反映，離不開「人」的因素；這也是我們「以人為本位」的初衷。

手機廣告裏有一句名言：「科技始終來自人性。」我們倒期待「商業始終來自人性」，並努力在往後的編輯與出版的過程中實踐。

前言

本書是二〇一五年出版的《改變自己的讀書術》（暫譯，原書名『自分を変える読書術』）的續集。值得慶幸的是，由於《改變自己的讀書術》廣受眾多的讀者支持，所以才能得以有這本續集的推出。

在《改變自己的讀書術》中也曾提及，自稱「書蟲」的我，將自己從閱讀中所獲得的經驗談結集成書，說明有關如何有效輸入（input）情報以及意義何在。

而這本書談的主題，就是將情報如何從輸入轉換為輸出（output）。

從我任職於波士頓顧問公司（BCG，Boston Consulting Group）的時期（按：一九八一至二〇〇〇年）開始算起，累計至少有五千多場演講，多的時候一年約有二百場以上，但因不曾細數，不確定精確的數字。

也許可能未滿一萬場，不過至少超過五千場，還有其它大大小小的簡報、會議、協商、演講等，如果加上我在眾人面前談話的次數，更是不計其數。

市面上以說話的方式、表達的方法當成主題所寫的書，可謂五花八門。如果只是將說話方式和表達方式，當成技巧（話術），可能因此失去說話的本質。

所謂的話術，其實只有「如果會，就能加分」的效果而已，最重要的，還是說話的內容。

提到說話的本質，並非只是「該怎麼說？」而是「想要溝通或表達什麼？」乍聽之下理所當然的事情，但是，許多人都忽略這一點。

比方說，一個人在言談之間，話術高明卻言不及義，立刻露出馬腳。也就是說，即使侃侃而談或滔滔不絕，如果只是廢話連篇，反而會給對方留下壞印象，甚至有損彼此之間的信任。

相反地，就算沒有高明的話術，但是說話有料、引人興趣，身為聽眾的對方，也會努力傾聽說話者究竟想要表達什麼。

提到說話技巧高明的職業，通常會讓人聯想到電視主播，從職業特性來看，這是話術高明的專家。

但是，主播只是將導播準備好的稿子逐字朗讀的專家。我們在實際生活中，並不會像是主播那般，有人幫我們備妥稿子照本宣科，因此，真正的說話，必須表達自己獨有的想法和主張。

所以，主播的話術只有「如果會，就能加分」的效果而已，不見得一定要學會。

二十多年前，我曾有機會與一位曾任職於ＮＨＫ的著名主播交談。

不愧是曾經吃這行飯的人，對方說得頭頭是道，一開始五分鐘，還覺得是一位說話滿風趣而且有內涵的人。可是，五分鐘之後，就開始覺得枯燥乏味。

這一點足以說明，主播雖然是正確讀稿的專家，但是，他們不曾想過，下了主播檯之後，平常說話時如何引起聽者興趣。

這樣過往的一段小插曲讓人了解到，像是主播這種話術高明的人，能讓對方感興趣的時間只有短短五分鐘。有名的NHK前主播只能吸引聽者五分鐘，一般人頂多不超過三分鐘。

我想再次強調，不要認為「口才好」這件事情很重要。

也許聽者是個愚昧之人，說者只要利用話術，看似頭頭是道，或許可以矇騙得過去。但是，絕大多數的人並不愚昧，根本無法騙得過。

像是談生意，對方多半是在職場中打滾多年，如果單純以為用些話術就能順利談成生意，就算能夠炒熱一時氣氛，看似談話熱絡，但終究還是會讓人看破手腳。

有些人為了改善說話方式或提升表達能力，購買相關書籍依樣畫葫蘆，姑且不論是有意或無意，其實我覺得這種做法有點愚弄共事者與旁人。

之後會詳述箇中道理，有關談話溝通的根本之道，其實還是在於「互相尊敬、彼此信賴」，說到底，這種能力取決於說話者內涵的深度與廣度，簡單來說，就是「素養」二字。素養較好的人，知識豐富又有內涵，說起話來趣味横生，讓人百聽不厭。相反地，素養較差的人，說出來的話無聊又乏味。

想必本書的讀者，應該都是有上進心而且持續自我精進的人，打交道的對象都是水準高、有內涵的人，因此，具備素養就顯得相當重要。

培養素養最好的方法，就是多閱讀、多傾聽。

素養的深度與廣度，決定往後說話方式和表達方式的程度差異。

當說話方式與表達方式有進步時，能從別人口中打聽到更多事情，進一步更加充實自我，就能維持良性循環。接下來，我想藉著此書闡述這種良性循環的本質。

目錄

第二章 善於說話的人，也善於傾聽 …… 41

第一章

說話的本質：「該說什麼」的四大要素

■以矩陣檢視說話內容，決定該說什麼

提到說話，內容才是重要的關鍵，這是眾所皆知的事實。

檢視自己說話的內容時，請問大家通常都怎麼做呢？大家有好好檢討自己說話的內容嗎？

就我的經驗與觀察，通常答案是否定的，大部分的人都不會仔細檢視自己說話的內容。

接下來，我想談檢視自己說話的內容時，應該注意哪些事。

該如何構思說話的內容，才能充分自我表達讓對方知道。說話的意義，在於決定說話的內容，我經常參考下一頁的「說話內容檢視矩陣」。

不論是閒聊、商務會議、就連我時常參加的演講也都是用這個方法來構思該說什麼。

在「說話內容檢視矩陣」中，最差的組合就是「①對方已知道的事×④對方不關心

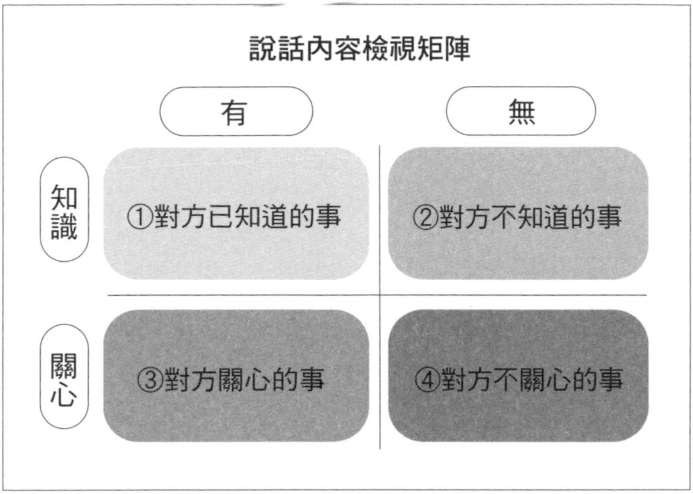

的事」，這就是說話者滔滔不絕說著對方既不關心又沒興趣的事，而且還是已經知道的事，容易讓人聽了想打瞌睡。

「①對方已知道的事×③對方關心的事」的談話內容組合，同樣讓人覺得無聊乏味。只說大家都知道的事，會讓人覺得自己是個無趣的人。

另一方面，「②對方不知道的事×④對方不關心的事」的談話內容，通常包含重要的情報，在我專精的經營管理顧問領域裏，特別傾向這種組合。

事實上，原本對方就不關心的事上，即

使勉強傳達對方也不見得聽得懂。由此可見，最有效果的組合就是「②對方不知道的事×③對方所關心事」。

話雖如此，自顧自地滔滔不絕，卻也不見得讓人就覺得如聞良言，如何拿捏實屬不易。好比山珍海味一口氣全都下肚，吃太多也會撐壞肚子的。同樣的，對方不知道的重要情報，狼吞虎嚥也會造成消化不良的。更差的是，若不小心撐壞肚子（發言不當弄巧成拙），反而會讓對方留下不好的印象。

■新的情報資訊最多只占四成

「②對方不知道的事×③對方關心的事」，也就是以傳達「對方不知道的新情報」為主軸的訣竅是什麼呢？簡單地來說，特別精心準備的部分最多只占全部話題的四成左右。剩下的六成就以「①對方已知道的事×③對方關心的事」來說。對這種組合也許會感到有些意外，但這樣的組合才會讓人感到滿足且覺得「今日如聞一席良言」。

這樣的「**對方不知道的事：對方知道的事＝四：六**」我將它稱為**說話的黃金比例**。

黃金比例最早是從古代希臘時期開始，用於建築或藝術上的一種比例，如古埃及的金字塔、雅典的帕德嫩神廟、達文西《蒙娜麗莎的微笑》都有運用。建築與藝術上的黃金比例是由數學家們所算出的，而說話的黃金比例則是由我自身的經驗法則所領悟出來的。

通常一般人就算再怎麼關心一個話題，但假使完全不知道的事超過了談話內容的四成以上，就會產生一種排斥的反應。我則由此去推測，得出說話的黃金比例。

人類原本就是一種充滿好奇心的動物，但若一味由好奇心驅使之下行動，有時會有如同從懸崖上摔落喪命的悲劇發生，所以基於本能反應，當一次接收到過多的新情報時，會產生警戒心的反應機制。

而且，要去理解不知道的事需要非常專注，可是通常一般人都無法長時間的集中注意力。

因此，若是急著塞給對方所有資訊，不僅徒增對方無法理解的困擾，還會造成消化不良。也是為什麼說「對方不知道」的情報最多不超過四成。此外，還有另一個重要的原因，對提升素養自我成長有幫助的，還包括四成的「對方關心卻不知道的事」。人們潛意識地對於「不知道的事」有好奇心，因此會努力吸收並試著琢磨。

換句話說，一流人物與平凡人物的差別，在於對於「不知道的事」如何專注傾聽。正因為不會排斥自己不知道的事，相對地還能讓學習能力更上一層樓。

■黃金比例的內容每次都要變換

這世界上根本不存在一種能對所有的人而言，都感到有趣、有益、有利的事。每個人長相不同、吃東西的喜好習慣也不同。關於情報，若有一百人，想知道的事、不知道的事就有一百項，關心、不關心的事也有一百項。

如此一來，對方不知道的事占四成，對方已知道的事占六成，這樣的說話內容的黃金比例並不是一成不變，因應對方的狀況每回都需要做些調整變化。

要全部到位是有些難度，事實上人往往都會忽視對方「感興趣」「關心的」「能理解的程度」，逕自說著事先已準備好的內容滔滔不絕地說著。就算針對相同的對象，感興趣或關心的事也是時時刻刻都在變，上週用的說話黃金比例不見得本週也通用。

在這裏就應該使用所謂的「探針（probe）」。所謂的探針是指測量或實驗時用來插入的針，這裏的意思是說，去推測一下當天對方所關心或感興趣的事。

究竟如何實踐呢？

在正式進入主題以前，先以閒聊的方式去打探對方所關心的和感興趣的大概是什麼，同時對話的理解度跟以前比起來，有怎樣的改變，都可以從閒聊中得知一二。

以邊聽邊得到的感受，決定每次說話的黃金比例內容該如何變化因應。通常邀請生意上的夥伴餐敘之前，都會事先詢問：「想吃什麼？」這就是探針作業，事先理解對方有興趣和關心的事物。

如果每次都按照固定的黃金比例內容說話，其實也不大好；就像是前述的例子之中，沒有事先詢問對方想吃什麼，自行妄加猜測「上次對方說中菜還不錯，今天的餐敘照舊即可」，立刻就去預約中餐館。但是，有可能由於餐敘當日天氣很熱導致對方沒有食慾，或是由於某些原因不想吃太油的食物。

因此，職場工作者必須培養換位思考的習慣，凡事設身處地為對方著想，否則有很可能會因為小疏忽釀成大錯。

■演講時把前排觀眾當成「定點觀測」

也許有些人覺得，每次說話都要事前打探以變更黃金比例好像很困難，其實想太多了。

事實上，進行「一對一」的溝通時，因應不同的狀況改變談話內容，並沒有想像中困難，而且，當自己與對方慢慢地有一定程度的深交時，只要探針輕輕一刺，就能立刻知道對方所有興趣或關心的事。

不過，如果是「一對多」的溝通時，可能沒辦法一下子那麼順利，最好的例子就是演講。

前述提及，截至目前為止，我總共演講超過五千場次以上，而且很慶幸的是，持續收到許多海內外的演講邀約。

我的演講主題包括「領導力」「顧問」「新創企業」，大致上來說，核心聽眾（core

audience）有興趣或關心的主題有一定的方向，但也不能按著事前準備好的講稿，省略現場確認他們的反應以靈活調整演講內容。

為了使聽眾有「今天聆聽堀紘一演講很值得」的滿足感，所以，講者對於聽眾感興趣或關心的是哪些事情，應該迅速又敏銳地掌握，藉此靈活轉換說話內容的黃金比例。

老實說，在我超過五千場的演講中，大約一開始的前一百場演講，談話內容都是按照事前準備好的講稿進行。後來逐漸得知聽眾不會因此滿意，所以之後就以前述提到的「探針」方式，掌握聽眾需求，然後在演講中適度變換內容。

說到底，一場演講成功與否，關鍵就在一開始的五分鐘。

通常坐在最前排的聽眾，都是對當日演講主題最感興趣或最關心的人。因此，可以藉由「定點觀測」的方式，一邊觀察最前面五排聽眾之中四或五人的反應，一邊演講，然後決定黃金比例的內容。

比方說，觀察這些聽眾臉上，是否是顯出「仔細聆聽」的表情或是眼睛發亮，如果是，就不用改變，可以繼續講下去。

能讓聽眾全神貫注的傾聽，說明了演講很成功。通常人都會往自己感興趣、關心的事情潛意識地靠近，身體前傾、眼神發亮，彷彿整個人都受到吸引那般。

倘若定點觀測的聽眾，整個身體後傾靠著椅背，一副窮極無聊的表情，這是警訊，意味著演講內容讓人覺得無趣乏味。

講者當下一定要趕緊轉換話題，要不然，聽眾一定最後會覺得「今天白白浪費時間，一無所獲」「這個人演講很無聊」。

這個經驗法則也適用於一對一的談話。雖然有時先以探針方式做好準備，並且以黃金比例內容交談，一旦察覺對方露出無聊的表情時，一定要趕快改變話題。如果對方全神貫注的表情認真傾聽時，就表示這次的溝通很成功。

演講成功與否，最終判斷在於最後結束時的掌聲。

每當演講結束時，主持人或司儀會說：「最後，請大家給予最熱烈的掌聲，謝謝講者精采的演講。」我從這些掌聲中，可以聽得出來演講成功與否。

聽眾一定會拍手，不管什麼演講都會有人拍手，因為這是禮貌。我指的並不是指掌聲的大小，而是掌聲的「音色」，就能知道聽眾的掌聲是不是發自內心。

雖然很難用科學方法來證明解釋，但演講過幾千次之後，掌聲究竟是出自內心還是虛應了事，其實很容易分辨出來。

■拒絕去市民大學講座演講的原因

基本上，只要有邀約，日本各地我都會去，只有極少數的演講我會拒絕。像是市民大學講座的演講邀約，我一定會拒絕。

所謂的市民大學講座，是指由地方公共團體舉辦的終生學習。美其名是「大學」，實際上參加者從十幾歲的高中女生（按：JK〔Joshi Kousei〕，日文漢字「女子高生」的英文縮寫），到八十幾歲的大齡人士都能自由參加。

由於講座並不是為了牟利才舉辦，所以通常都是免費；就算收費，也僅收日圓幾百塊而已。表面上，看起來聽眾族群非常廣泛，會讓人覺得演講者一定是經歷豐富，才能駕馭這場演說。不過，演講者最不喜歡這類演講。

試想，從十幾歲的高中女生到八十幾歲的老爺爺都有興趣且關心的共通話題，會是什麼呢？

比方說，像一些電視綜藝節目的藝人緋聞之類的話題，也許有可能，可是我並不看電視綜藝節目，對於藝人緋聞沒興趣也不關心，我也沒有消息來源。所以，我的演講內容從未提過藝人緋聞之類的話題，我不會也不適合談這種事情。

還有另一種讓廣泛族群感興趣且關心的共通話題，那就是政治。「安倍晉三的經濟三部曲徹底失敗」「只要安倍還在日本總理的位子上，日本就不會變好」，談這種話題，也許立刻就能引起聽眾迴響反應；但是，這類話題也不是我該談的主題。原則上，對於政治我保持中立。

說到底，市民大學的演講並沒有核心聽眾，也沒有符合所有年齡層聽眾感興趣的話題。既然如此，只要是市民大學講座的邀約，我都會斷然拒絕。

■當場減少對方所不知道的情報比例

不論是演講或是商業簡報，我都不會將事前所準備的內容塞滿表定的時間。除了一部分內容事先準備，之後在看現場觀眾反應，保留彈性臨機應變，適度調整談話內容。用棒球比喻，投手會因為打者順序與戰術不同配球，調整球路或球速。（本書有許多地方，以我最喜歡的棒球比喻，我曾任日本職棒歐力士野牛隊〔Orix Buffaloes，另譯歐力士猛牛隊〕老闆的顧問，對於棒球陌生的讀者，在此先說聲抱歉）

舉例來說，某位職棒投手的直球（按：日式英文〔和製英語〕稱為 straight，英文稱為 liner），頂多時速一四〇至一四五公里，不大可能突然飆出時速一六〇公里的超級球速。

對於職棒打者而言，一四〇至一四五公里的直球，雖說球速快，但並不是完全打不到。投手若能搭配變化球（按：breaking ball，球路和前段相較，中後段明顯下墜或左右橫移）較能騙到打者揮棒落空或勉強出棒卻無法形成安打。因此，配球比例為直球四〇％、滑球（按：

slider，球路左右偏移，球速比曲球快）三〇％，剩下的三〇％則是混搭二縫線快速球（按：two-seam fastball，投球之後，氣流會通過棒球的二條縫線造成棒球旋轉，造成棒球在進壘時下墜；若投手投球時微調大拇指位置，球投出之後下墜幅度大，則為伸卡球〔sinker〕）和曲球（按：curveball，球路上下偏移，球速比滑球慢）等球種。

某日，投手站在投手丘，想投出拿手的滑球與打者對決。設法將一開始的球速減得比平常慢一點，如此一來，強棒打者也可能遭到投手的配球打亂節奏，抓不準揮棒的時機。

可惜的是，投手投出的直球不夠力，而且原本想用來「騙」打者的變化球也不甚理想，感覺上，打者很容易出棒形成安打，發生千鈞一髮的場面。

如果是這樣，就必須調整配球比例，把原本四〇％的直球、三〇％的滑球，以及三〇％的變化球，改成增加滑球、減少直球的比例，避免將直球投往好球帶（按：strike zone，投手投出的球進入本壘板上方空間〔進壘〕之後，球的高度在打者的肩膀與腰部的中間平行線到膝蓋以上的範圍），而是球進壘時偏打者外角。

調整配球是身為投手的基本戰術，如果每次站在投手丘上都能臨機應變，可以說整個球季都能上場，不怕坐冷板凳。如果一年之中能夠贏球超過十場，就能讓球團層峰信賴，這樣的狀態打個幾年之後，可能美國大聯盟都來挖角。

如果將投手配球的原則類推到演講，說話者要看聽者的反應以及當天現場狀態，臨機應變調整說話內容。前述提到，說話時「對方不知道的事」的內容只限定四成，但是，有時真的會碰到聽眾反應冷淡。

這個時候，乾脆將「對方不知道的事」減少一至二成，增加「對方知道的事」，藉此吸引聽眾。避免過度執著在事前已經備妥的內容，一定要依據現場狀況見機行事、靈活調整說話內容，這才是上策。

■穿插一些冷場效果，為另一波高潮氣氛暖身

長篇小說如果沒有高潮迭起，讀者很容易覺得乏味。

同樣地，落語也有「抖包袱」的高潮，以及稍微平靜的冷場，交叉活用才不會讓人聽膩。（按：落語是日本從江戶時代〔一六〇三至一八六八年〕傳承至今的傳統表演藝術，類似單口相聲。落語家身穿和服，手持扇子或手巾，雙膝跪坐在座墊上說出段子〔劇目、表演內容〕。通常一人分飾多角，透過姿勢、手勢，以及幽默的敘事方式，道出生活在社會底層的平凡人，如何樂觀面對生活中各種荒誕的情境；「抖包袱」，指的是「哏、笑點」）

一般來說，落語分為「古典落語」（按：江戶時代〔一六〇三至一八六八年〕、明治時代〔一八六八至一九一二年〕到大正時代〔一九一二至一九二六年〕所寫的段子）和「新作落語」（按：大正時代結束〔一九二六年〕之後所寫的段子），其中較重視高潮與冷場搭配的段子，屬於古典落語。古典落語是以前的傳統劇目，具有經典地位，對於現代落語家來說，就像

古典音樂由現代演奏家詮釋一般。

對於著迷落語的人們來說，段子的情節與結尾都很清楚。但是，說得好與說得差的落語家，如何處理段子中高潮與冷場的方式，則有天壤之別。

職場工作者與人溝通，其實也和落語家一樣，說出來的內容，高潮與冷場交互出現，才能讓溝通有韻律節奏。如果從頭到尾，氣氛維持在「抖包袱」的高潮狀態，從頭到尾都一直很興奮，讓人無法喘息稍微平靜，這也不行。

將落語類推到說話內容，能帶動氣氛的高潮，當然是說出「對方不知道的事」，相反地，冷場代表說出來的內容，是「對方已經知道的事」。

如果談話一開始，劈頭就說「對方不知道的事」，很容易讓人沒有心理準備，導致無法立刻進入狀況。因此，說話者最好能穿插「可能對方已經知道的事」，讓聽者能夠有一點喘息的空間，消化一下說話者剛剛提到自己「不知道的事」。因此，妥善搭配冷場，其實更能凸顯高潮。

接下來，請各位容許我再以棒球投手比喻。

如果投手先投出一個慢速曲球（slow curve）之後，接著投出快速球（fastball），讓打者感到後者比實際的球速還快。如果投手投出一個擦過內角邊緣（按：球進壘時，靠近打者的位置稱為內角，遠離打者的位置稱為外角）卻不會成為觸身球（按：日式英文稱為dead ball，英文稱為HBP〔hit by pitch〕）的滑球或直球，導致打者誤判球路，抓不到擊球點而揮棒落空，最後遭到三振出局。

同樣的道理，冷場中穿插高潮，能讓聽者感到有趣，更能吸引聽眾。

■一段話控制在「十三分鐘」之內

當我演講時，高潮時段也會控制在十三分鐘之內講完。不論是一對一的交談，或在許多人面前的簡報，同樣都堅守「十三分鐘原則」。主要是因為不論多麼令人感興趣的話題，對方的注意力大概只能撐十三分鐘而已，一旦超過，就算再怎麼精采或好笑，也沒辦法記住。時間拉長，反而會讓人覺得無聊。

「十三分鐘原則」，是從電視上學來的。

一般二小時的電視連續劇最初的二十五至三十分鐘，為了不讓觀眾轉台，都不會插播廣告，等觀眾進入劇情後會想知道結局如何時，就不容易隨便轉台時，再每隔十三分鐘插播一則廣告。就算再怎麼專注劇情的觀眾，如果沒有廣告插播休息一下，注意力也無法一直持續下去。

穿插的廣告結束之後再進節目，觀眾會覺得劇情更好看。三十分鐘的卡通，通常會有插播三段廣告，也許就是這個道理。

沒有廣告的日本公共電視ＮＨＫ（Nippon Hoso Kyokai，日本放送協會）也是，像晨間電視連續劇每天播出十五分鐘。也許十三分鐘比較不像十五分鐘容易記得，所以就以十五分鐘。

為何人的注意力只能持續十三分鐘，最主要與大腦中的「安全裝置」有關係。

一直重複相同的動作會造成肌肉疲勞，腦神經細胞也一樣，若一直重複相同的思路也會感到疲累。所以只在限定的時間內能集中注意力，之後變覺得無聊而轉移注意力到別的地方，可分散並避免思路集中在特定神經造成壓力。

因為大腦裏有這種安全裝置，而現代人從小看電視，自然而然地體內的生理時鐘就維持著注意力十三分鐘。

所以，不論話題多麼有趣精采，最好都以十三分鐘以內為原則，再穿插一些冷場效果，更容易讓想表達的事更有張力。

【專欄一】對方是否正直且誠實

稍微離題一下，在每個章節的最後，用專欄的方式介紹我成立的得愛企業管理諮詢有限公司（DI，Dream Incubator Inc.），近年來從事商業經營的小故事。

我在五十五歲（二〇〇〇年）成立這家公司，主要事業包括企業策略諮詢（strategy consulting）、新創事業的育成（incubation）與創投（venture capital）。

經常有新創企業相關人士找上門，希望我們能投資，其中有很多判斷投資與否的情報，細節相當繁雜，約略說明如下。

我們的大前提是不做小額投資，主要是因為判斷投資與否必須「做功課」，姑且不論投資金額大小，耗費的時間與心力都差不多，既然如此，小額投資反而耗損時間成本，而且相較之下投資報酬也偏低。

接下來，必須謹慎評估成功機率，也就是說，投資成本會有多少投資報酬。

站在第三者立場以客觀公正的角度觀察新創企業能否如願成功，就算成功，但投資報酬能否回收。想要精準評估成功的準確率，事前必須詳加調查。

有時我們並不是很了解新創企業所處的產業，遇到這種情況時，通常會跟對方說：「我們需要一點時間分析評估，但不會讓你們等太久，中間可能還會請教一些問題，到時候再麻煩說明」。

人們常說，投資是針對有可能快速成長的企業進行高風險、高報酬的賽局，其實並不是想像中那麼輕鬆。事實上，有八成以上都屬於高風險、零報酬。

特別是DI最擅長的創投，一百件當中，能夠很自豪地說出「當初投資是正確的」，頂多八至九件而已，因此，投資之前一定要「做功課」，才能審慎調查、仔細評估。

以實際數據加上專業分析的量化資料絕不可少，此外，對方是否誠正信實，也是一項不能忽視的評估事項。比方說，對方有時為了能夠獲得更有利的投資條件，自吹自擂以隱瞞實情。

不過，畢竟我們也是專家，不會輕易遭人糊弄而審核通過。說到底，雙方當面坐下來詳談時，一定會看得出來對方是否誠正信實。

第二章

善於說話的人，也善於傾聽

■愈是口拙者，愈不願意去傾聽

經常有人誇我：「堀先生的口才真好」，我面帶微笑心懷感謝地這麼想：「那是當然的，因為我比你還要認真傾聽別人說的話。」

通常會這樣稱讚別人的人，有時是因為他們對自己的說話或表達方式感到自卑。所以，根據我以往的經驗，自卑又不善表達的人，通常不喜歡傾聽別人說話，而且對這個事實並沒有自覺。

有一陣子，可能因為我常上電視的緣故，許多人都認為我是個口才好的人。然而，他們並不知道，我時常自我提醒，自己開口說話之前，要先傾聽別人說話。

然後，從對方談話中找到他們關心和希望知道的事情，接著與他們的交談，都圍繞著這方面的話題。

這些感興趣或關心的事情，無法只從這個人的表情或外表就能推論得出解答。

需要用心傾聽對方說的話才能從中推論了解。就好像醫生問診一樣，只靠觀察病患臉色，卻沒量體溫和脈膊以及問診，根本無法開處方箋給病患拿藥。

盡量讓對方多說話，愈聊愈多就愈能知道對方感興趣或關心的事。

身為顧問也是一樣的，耐心傾聽顧客所說的話，就能找出什麼地方有所誤會或理解錯誤，甚至找出錯誤的根源。

好比我的朋友田原總一朗都是依照事實根據，了解事情掌握狀況，他也是口拙的人。看他在電視節目上主持情況便可了解，他很少聽人把話說完，經常中途打斷別人。然後說自己想說的話炒熱氣氛話題。正因為電視節目著重收視率，所以才能允許像他這種獨特的舉止。

不過，一般職場工作者如果不能傾聽別人說話，只顧著自說自話，想必會讓人敬而遠之。

■傾聽，能提高學習能力

以話術評斷一個人口才的好壞，其實是偏見。事情的判斷，其實並不是如此單純。如果以為充實話術就能改善口才，一開始也許會覺得有進步，不過，到了一定程度之後再也無法持續精進。能夠左右表達能力的好壞，關鍵在於說話者本身所具備的素養程度。

以落語為例，相同的古典落語段子，卻因為落語家不同的表現手法，所呈現的趣味效果也大不同，而且，素養愈好的落語家表演得更為有趣。

古典落語的段子，透過落語家的描述，詳細勾勒江戶時期是什麼樣的年代，常民居住的房屋長什麼樣子，山裏的野熊或隱居的居士各自吃什麼賴以維生，都能生動地描述，讓人猶如身臨其境。

素養好的落語家，將劇目段子的細節全都記在腦中，所以能唱作俱佳。相對來說，素養較差的新手落語家就沒有那麼高明，明明是「抖包袱」的笑點，可能因為功力不夠，無法逗笑觀眾。所以說，口才想要變好，就應該累積並且提升素養才是。至於該怎麼做，答案就是藉由學習。

在此我要再三強調閱讀的重要性，以及傾聽才能有效學習。如果問那些優秀的職場工作者，他們幾乎一致認為，成功關鍵在於「自己比別人從客戶那裏能夠學到更多」，我也認為正是如此。

以我為例，我能夠具備身為管理顧問應有的各種能力，主要是我在哈佛商學院（Harvard Business School）就讀二年期間的薰陶，以及之後進入波士頓顧問公司（BCG，Boston Consulting Group）時受到上司與前輩們指導的磨練；之後能夠持續成長，則是受教於客戶。

比方說，即使只是提出不起眼的企畫案，該如何表現才讓人接受或不接受，都試著換位思考，從客戶的表情或舉止中察覺，之後慢慢修正調整。

如此一來，從中得到的結論就是做簡報時，不是以「起↓承↓轉↓合」而是以「轉合↓起↓承」的方式進行，相關細節會在第四章《因應不同場合情境的有效溝通方法》的〈效果好的簡報，從「轉↓合」開頭〉詳述。

若說閱讀是「間接學習」，從客戶身上學來的可說是「直接學習」。並沒有哪種學習方式比較好，而是想要提升素養時，兩者相輔相成、缺一不可。間接學習能讓直接學習變得更有深度，直接學習則能擴展間接學習的範圍。

具備傾聽、學習、提升素養等要領後，所說所做的必能打動收服對方的心。

想要讓人心服，首要之務就是對方說話時認真傾聽，再針對方感興趣和關心的話題，以能理解的程度交談。

通常受女性歡迎的男性，大部分都是深諳傾聽的類型，也就是這個道理。

同樣地，在職場上，通常顧客喜歡的也都是這類型的人，懂得傾聽的人，容易受人愛戴、討人喜歡。想成為這種人，那就設法自我提升，成為傾聽高手。

傾聽是銷售業務的本質

在所有的職業當中，最需要好口才的職業是銷售業務員，如何提升口才，也是最難的事情，主要是因為這和銷售業務的本質有所矛盾，才會導致這樣的結果。

記得我在哈佛商學院攻讀MBA學位時，第二年的課程中，有一門「銷售管理」的選修課程；課程中，將銷售本質簡化為二個單字，那就是「自我（ego）」和「同理心（empathy）」。

自我指的是「自己想做的事」，如果不能了解自己想做的事，根本無法銷售成功。對於業務員和銷售員而言，「想賣掉這台車」「想賣掉這間房子」的想法中，都有著所謂的「自我」。

同理心有著「換位思考」的意思，也就是凡事設身處地站在對方的立場思考。如果還是不了解，按照我的解讀，同理心就是「感同身受」。

銷售時，為了實現自我，就必須了解對方的想法；然而矛盾的是，一旦業務員過度了解顧客的想法，就無法銷售了。

站在顧客的角度設身處地思考，一定都想買到便宜的好貨，兩難的是，如果好貨都很便宜，業務員和所屬公司就沒有利潤可言，所以我才會說，銷售這門學問很難。

如果有機會問大學生：「想找什麼工作？」絕大多數學生都回答：「想做市場行銷」「想做廣告宣傳」「想做企畫」；相較之下，回答「我想做業務員」的大學生，只有少數人而已。

我認為，沒有銷售業務經驗，想跨足行銷、廣告、公關、企畫等領域，只會淪於紙上談兵而已。先從銷售業務員做起，站在銷售的最前線，與顧客面對面，從中體會「賣不出去」的懊惱、流下挫敗的眼淚之後，再做其他部門的工作，才是正確的做法。

說到底，一個職場工作者如果從來不曾做過銷售業務員，而先做行銷、廣告、公關、企畫這些工作，其實本末倒置，意義也不大。

■會銷售的業務員、不會銷售的業務員

商品可分好賣與不好賣，銷售業務員也是一樣，分為懂銷售的和不懂銷售的，若要細數之間的差別恐怕說也說不完。簡單來說，就是自我和同理心發揮能力的差異。

以豐田汽車（Toyota Motor）頂級品牌LEXUS為例，每種車款都有所謂的規格配備（按：日文漢字寫為「諸元」〔specification或spec〕，主要是以數字呈現機械規格。以車輛為例，「諸元」包括排氣量、油耗等），不懂銷售的業務員只會像是呆板地像是背書似地，按照型錄中所寫的車子的性能、規格、配備照本宣科，然後強調自家品牌比競爭對手的來得好。

這種業務員只是強烈表達想賣車子的「自我」，並沒有展現對於前來賞車顧客的「同理心」。這種銷售手法當然無法獲得顧客認同，結果一台車都賣不出去，也是理所當然的結果。

懂得銷售的業務員，會先仔細傾聽顧客的需求進而發揮同理心，藉此掌握一個家庭購

車時重視哪些條件。

如此一來，介紹車子配備與性能等基本規格時，就能和顧客重視的條件結合，符合實際需求。像是夫妻二人都喜歡開車兜風，他們有兩名孩子，女兒讀七年級（國中一年級）、兒子讀國小三年級。

接下來，懂得銷售的業務員如此介紹：「這款 LEXUS 最適合假日全家出遊，一起創造美好回憶。而且，引擎聲音小，不會干擾車上交談。即使車速快時，車身依然很穩。安全性能相當頂級，萬一不小心發生車禍，也能守護家人安全。」

說到底，LEXUS 性能再怎麼好，充其量不過就是是一台車，也就是一種交通工具而已。

會銷售的業務員，要能結合自我與同理心的介紹方式，對顧客進行銷售，讓他們想像並且親身體會開著一台好車，過著幸福美滿的生活的情境畫面。

「希望透過成交增加業績，此外，也希望賞車的顧客能擁有一台好車，實現他們理想中的美好生活。」這種兼顧自我與同理心的人，通常都能成為超級業務員。因為，他賣的不只是一台車，也賣一種名為幸福的人生。

想要成交，前提是必須懂得傾聽。可惜許多人誤解說話就是銷售業務員的工作，如同電視購物專家那般，只動一張嘴。

事實上，銷售業務員的最高境界，就是能夠洞悉自我、設身處地為顧客著想的同理心，並且找到平衡。

自稱口才不好，是不把對方當一回事

有些人常會謙稱「我口才不好」。口才不好，字面上的意思是指不善說話、無法表達內心感受或想法。

然而，這些自稱口才不好的人，如同前述，其實不懂傾聽者居多。說穿了，這些人屬於「只要我喜歡，有什麼不可以」的類型，他們很少顧慮別人的感受與想法。

這種人根本不會想了解別人究竟在想說什麼，自己卻一直說話。說到底，口才不好，就是因為不懂得顧慮別人的感受和想法，覺得聽別人說什麼，是一件窮極無聊的事情。

如果說話能夠按照前述的「黃金比例」（談話內容之中，對方不知道的事占四成，對方已知道的事占六成），根本就沒有口才不好這回事。

即使說話的人結巴，對方也試著努力傾聽。

有些人總是想辦法要改善話術，但是，我還是要再三強調，改善說話技巧最重要的關鍵，是當自己說話之前，要先傾聽對方說什麼，聽了之後，要能感同身受。

我覺得那些自稱「口才不好」的人，只是向眾人宣告「我這個人比較自私，無法體會您的感受」罷了。

奉勸各位，即使想表現自己很謙虛，也千萬不要說「我的口才不好」這句話。

在展現這種沒必要的謙虛之前，最好傾聽別人說什麼。意思是指練習說話的方式有其必要。

■不是說服別人，而是讓人心服

一般人覺得，管理顧問的工作，就是能一針見血地精準點出企業經營問題，其實不然。管理顧問既不是新聞記者，也不是在野黨國會議員，針對企業經營問題，直接點破客戶的罩門，反而會引起反感。

甚至惱羞成怒的客戶可能開罵：「你哪位啊？了不起喔？一個菜鳥級的管理顧問，憑什麼說大話！」

剛入行三、四年的管理顧問，認真努力找出企業問題，然後滿腔熱血，試圖說服客戶接受自己的提案，結果卻弄巧成拙。

這種有話直說的熱忱，價值多少呢？

說實話，我覺得一文不值。

一語道破企業經營的問題，這一項的確得到滿分，但是，身為管理顧問，直言不諱的行為並不及格。惹惱客戶，導致他們不想認真執行你的建議，就算提案再好，也只會遭到客戶唾棄。

說到底，身為管理顧問最重要的關鍵能力，並不是說服客戶，而是要讓客戶心服口服，仔細傾聽客戶說些什麼，是提供企業顧問服務的出發點。

「請問您想如何改變企業的組織結構呢？」「為了組織改造，怎麼做才好呢？」藉由提問，試著引出答案，從中找出能讓客戶心服的問題解方，再去提案。

這樣一來，也能讓客戶自己察覺：「其實，之前已經有感覺到了，結果還是變成這樣。看樣子，接下來進行組織改造時，如果第一刀砍得不夠深，恐怕會在國際上激烈競爭中遭到淘汰」。

根據我的觀察，即使管理顧問勉強說服客戶之後，客戶心不甘情不願地緩步微幅改造組織的企業，通常都不會成功。唯有客戶自己對於管理顧問的建議心服口服之後，痛下決心大刀闊斧進行改革，才能一舉成功。

■擔任日本航空（ＪＡＬ）管理顧問時的慘痛經驗

行文至此，好像講的事情都是往自己臉上貼金，其實，我還是有失敗的經驗。那是三十多年前的事，所以也沒有必要隱瞞。就像前國會議員山崎拓元所寫的《ＹＫＫ祕辛》（按：暫譯，原書名『ＹＫＫ秘録』，ＹＫＫ是吉田工業株式會社（Yoshida Kogyo Kabushikigaisha）的縮寫，主要產品包括拉鍊、鈕扣、黏扣帶等扣具，以及門窗、氣密窗、玻璃帷幕等建材）一樣開誠布公。

我任職於波士頓管理顧問公司時，曾經擔任日本航空（ＪＡＬ，Japan Airlines）管理顧問，當時曾經有這樣的事情發生。

ＪＡＬ有一條航線名為「絲路航線」，是從日本出發，經過印度再到沙烏地阿拉伯，這條航線如同以前連結中國大陸和地中海諸國的絲路一般，所以稱之為絲路航線。

其實，ＪＡＬ當時其實有許多條航線都是慘澹經營，絲路航線也是其中之一。每年都虧損，印度至沙烏地阿拉伯之間每天搭乘的乘客寥寥可數，雖說只要能提高印度人與沙烏地阿拉伯人的載客率就可以解決問題，可惜無法這麼做。

那是因為國際民航協定，民用航空公司必須遵守國與國之間的航權協定，原則上從日本起飛的民航客機，只能搭載從日本出發或前往日本（例如轉機）的乘客，除此之外，由各國航空公司經營航線。

為什麼目前日本的各家航空公司的航線中，沒有從日本直飛南美的航班，就是因為有二國之間的航權協定，導致載客率不高，不符合營運成本。所以，當時我提議「絲路航線根本就不符合營運成本，應該早日廢除」。

那時，ＪＡＬ空服員都是日本人，因此薪水偏高，如果雇用香港人（當時香港尚未回歸中國大陸），人事費用就可以減少，而且香港人能說英語和廣東話。

我曾建議，在香港—東京航線、東京—洛杉磯航線，空服員可以雇用香港人，現在想起來還真是個好建議，可惜當時不受採納。

記得當時，我曾經直言：「如果繼續這樣放任經營的話，公司遲早有一天會倒閉的。」除了社長之外，在場的高階主管都嘲笑我說：「堀先生，去年我們的獲利是創業以來的最高值，怎麼可能會倒閉！」我回答：「真的？以我的算法，再這樣繼續經營下去，十五年以內貴公司就會面臨倒閉。」果不其然，只不過十幾年，眼看他起高樓，眼看他樓塌了。

二〇一〇年，JAL包括所有集團總負債高達二兆三二一億日圓，向東京地方法院申請破產倒閉，以適用公司更生法，而且是當天申請、即日生效。

管理顧問並不是預言家能夠預測未來，要算出JAL會破產倒閉，其實也不需要很複雜的公式，簡單的算式就可以輕易得出結果。我的建議改革提案沒能受到採納，躬身自省，是當時的我不夠老練，不能充分洞悉對方的想法。

那時，對於JAL會破產倒閉一說嗤之以鼻的人，在後來JAL申請公司更生法時，恐怕早已不在JAL。倘若當時我不只對層峰提案，而是針對當時三十歲左右的中階主管喊話，藉此刺激他們進行組織改造，不曉得該有多好。

「請各位想像一下，當你們好不容易熬到經理級的職位時，公司突然破產倒閉，你們還有房貸要還，也有小孩的教育費等著付清。為了將來著想，現在，大家多出些力，一起幫忙公司改革。」倘若當時如此大聲疾呼，也許至少能讓JAL這艘航空母艦稍微改變它的航道。

後來，一位JAL的員工御立尚資先生記得當年這段往事，他曾對別人說：「堀先生真是位有遠見的人。」一九九三年，他從日航離職進入BCG任職，二〇〇五年，他成為BCG日本分公司的共同負責人。如果硬要說當年擔任JAL管理顧問的成果，或許這也勉強算是其中之一吧。

■用英文做簡報時需簡明扼要

之前有提到演講時，觀察現場前排聽眾表情、姿勢和反應的重要性。通常我在演講中，還會直接向聽眾提問，如果是九十分鐘的演講，當中會有五次左右會停下來問聽眾，看看聽眾的反應如何。

有時我會走下講臺，走到前排聽眾之間，問他們：「我剛才講得如何？你有沒有什麼問題意見呢？」依照他們的反應，調整之後要講的內容。

有時，我也會用英語演講。

雖然我是日本人，但英語還不錯。

比起母語的日語還是差一點，不過，用英語演講時，會先仔細擬好演講大綱，可能是因為用英語講時，比日語更需要條理吧。

日語跟英語相比，英語比較偏向理性的邏輯論述；相較之下，日語的演講則會先在腦海中勾勒訴諸情感的畫面。此外，用英語演講時會以理論邏輯構思，可以看見理論脈絡條理分明，當然，演講時也是不看稿，因為，構思的內容事先都已在腦海中了。

最近這幾年，對華人演講的機會場合增加了不少。

有時用英語，有時用日語，有時同步口譯，有時則是逐步口譯。

同步口譯時，因為是同時進行，所以大致上與表定的演講時間相同。不過，逐步口譯時，原定六十分鐘的演講，實際上我只有講了三十分鐘。雖然演講的時間有點縮減，但在逐步翻譯的空檔，我可以觀察聽眾的反應，這也算是個好處。一邊觀察聽眾的反應，一邊微調演講的內容，即便是短時間的演講內容，還是嚴謹對待。

■考慮到對方的背景不同

無論演講或談話是英語或日語，不論聽眾是對外國人或本國人，談話之間如果沒有穿插小故事，很容易讓人感到無聊。

然而，日本人覺得好笑的、歐美人覺得聽起來有共鳴的、華人喜歡聽的，都不盡相同。必須配合不同國情的聽眾來講這些小故事。稍後會在第六章《口才好到讓人欽佩，所以呢？》的〈輕鬆易懂的小故事〉，說明談話之間穿插小故事的技巧。

在國外演講時，必須要注意這些不同的國家文化背景。在日本，如果要演講「日本三大電信業者的新開發事業策略」的主題，背景資料只需要略為提到就好。但是，若在英國演講相同的主題，就必須逐一說明，像是：

「在日本有三家大型電信業者，其中一家是軟體銀行（SoftBank），收購英國沃達豐集團（Vodafone）的日本子公司，是電信業界的後發者。相較於其他國家，日本的智慧型手機費率偏高，就連一般的高中女生每個月的平均電話費，也要一萬日圓左右。」

演講必須考量聽眾的背景，就連海外的演講也不例外，這和我在日本演講是一模一樣的。

如果沒有設身處地為對方著想，自顧自地滔滔不絕，說一堆也沒用，對方根本不了解。

想要了解對方，還是那句老話，就是認真傾聽對方說什麼。

【專欄二】一個人能夠發揮存在感的原因

從早期開始，在美國投資高風險的新創企業的領域裏，都以所謂的「俱樂部貸款（club deal，由創業家及投資者組成）」出資的方式為主流。

特別是那些企業收購、重整後再轉賣獲利了結的案子，大多數都是由俱樂部貸款所主導的。

所謂的俱樂部貸款，是指多數的投資者組成「投資俱樂部」來進行共同投資。

在美國有些個人單他一個人就可能擁有一千億日圓左右的資金，然後再邀幾個朋友一起集資投資的風氣很盛行。

即使是比較小規模的新創企業或大投資案，俱樂部貸款都能投資，而且是幾個朋友一起投資，還可以幫忙分擔投資風險。

此外，由於有多位的投資者共同評估審核投資案，分析的層面也比較廣，成功獲利率也相對提高。

這也是俱樂部貸款在美國成為投資主流的原因。

我創辦的得愛企業管理諮詢有限公司（DI，Dream Incubator Inc.），近年來也有美國的俱樂部貸款的成員，陸續向我們招手。

這說明了DI與俱樂部貸款的成員之間，已經建立個人的信賴關係。更有一種「想解決重大的社會問題」「想改變世界」的共識存在。

此外，DI投資日本和亞洲新創企業的眼光精準，也受到了很高的評價。正因如此，DI才會比日本其他風險投資或大企業還要來得評價高。

創業資金是由四人一起出資的，公司每年都會收到一些「這個事業未來會在日本和亞洲將蓬勃發展」的投資邀約。

雖然公司員工都是日本人，但行事作風很像歐美，一點也不會覺得有什麼奇怪的地方，共事起來更容易，溝通起來更方便，這也是DI的優勢之一吧。

第三章

口才好的人是本質論者

■樂於傾聽事實、本質和真相

經歷二戰期間太平洋戰爭（按：一九四一年十二月七日—一九四五年九月二日）的日本人，我想目前大約還有幾百人尚存活著。其中有一百人以上寫過飛行員傳記，我幾乎全部都閱讀過。

其中，坂井三郎（按：一九一六年八月二十五日—二〇〇〇年九月二十二日，曾參加的空戰超過二百次，擊落大小敵機六十四架）所著的《天空武士》（按：暫譯，原書名『大空のサムライ』，繁體中文版譯本包括《零戰之命運》，麥田出版，一九九七年；《荒鷲武士》，九歌出版，一九九九年；《零戰武士》，星光出版，二〇〇三年），令人印象深刻。

坂井先生是隸屬於舊日本海軍的零戰（按：零式艦上戰鬥機的簡稱，為單座型艦載戰鬥機）王牌飛行員（按：意指擊落敵機五架或五架以上的飛行員）之一，本書是他以第一人稱所寫的飛行員自傳，從飛行員的視角描述空戰的殘酷、戰略的現實與內心的糾結，正因為是現身說法，令人印象深刻，可以說其他類似書籍的可讀性，很難超越這本書。

在日本，這本書屬於長銷書，也翻譯為多國語言出版。加上他經常到世界各國演講，身為二戰期間的舊日軍，能像這樣受邀前往國外演講的人，恐怕只有坂井先生了。他的官階既非上將也不是中校，二戰結束時只是少尉，卻能受到世界各國關注，也可以看出日本組織的矛盾。

這本書如此引人入勝，究竟是什麼原因？其實只是因為透過他的描述，直指事物的本質。

本質，超越國界、不分種族、無關性別、不問語言，道出本質的人，比較能夠吸引人們關注。

像是書中有這一個小故事。

在出征前一晚，通常都會開放「酒保」這個地方給戰鬥機飛行員使用。

酒保指的是軍營中放置日常用品和食材飲料的地方。既然是酒保，當然少不了酒。明天過後生死未知，至少在出征的前一晚，來個今朝有酒今朝醉，也算不枉此生。

不過，在出征前一晚，坂井先生有別於想要戰勝心理恐懼的隊友們，他從未在這個時候飲酒。原因是一旦喝酒，對於隔天出征之前，飛機儀表的例行檢查容易有所疏失。現在的噴射戰鬥機，配備多種高科技自動駕駛系統以防萬一，但是，在太平洋戰爭時期，螺槳戰鬥機只靠著儀表板指引飛行員。倘若例行檢查有所疏失，一個不小心就有可能送命。

坂井先生在不用出征的日子裏，白天就會在停機坪的草坪上休息睡午覺，躺在草皮上眺望天空看著遠方練習視力。

雖然不確定真假，根據坂井先生描述，這種自主訓練視力的方法，最後連白天都看得到星星。

戰鬥機對戰鬥機的空戰，先發現敵方的一方比較有利，誰先發現敵機，就可先飛到敵機後方較高的位置，盡量在背對太陽的位置，如此一來，敵機就看不見也打不到我軍，我軍就能連射飛彈擊敗敵方。

這麼一來，只有兩種可能，一是打贏，二是平手，絕對不會輸。

當時，舊日本軍所用的雷達根本派不上用場，都能靠著飛行員的肉眼發現敵機，所以，坂井先生藉由瞭望天空，鍛鍊自己的視力，甚至到可以白天看到星星的程度。

在這裏所介紹的小故事，每個都能忠實呈現事物的本質。首先，「酒保」的小故事，說明凡事都要事先做好萬全的準備；接下來，白天瞭望天空鍛鍊視力，則告訴我們如何透過持續的努力彌補自己的弱點與不足。正因為能夠讓人掌握本質，所以，坂井先生的書能夠成為全球長銷書。

其實，他只會講日文，所以前往海外演講時，都是透過口譯，一般來說，透過口譯的演講，感覺比較缺少魄力也沒那麼有趣；但是，坂井先生演講內容是忠實呈現本質，所以就算透過口譯，照樣能夠打動人心。

■藉由閱讀，成為「本質論者」

一提到棒球評論家野村克也先生，許多人都認為他講話很風趣，對他評價很高，我很認同。

野村先生的說話方式很獨特，有點像是喃喃自語，稱不上口才好。但是，不論是否為棒球迷，很多人非常喜歡聽他說話，因為他也是一位本質論者，言談之間，總是能夠忠實呈現事物本質。

「了解敗因、記取教訓，避免重蹈覆轍。」

「當一個人自我感覺良好的剎那，思考就開始僵化。」

「別怕不討喜，但一定要受人信賴。如果擔心惹人厭，就無法擁有真正的領導力。」

「一帆風順時，人群圍繞著你，搶著錦上添花。然而陷入低潮時，誰願意陪著你，前來雪中送炭。」

「有意料之外的勝利；然而，失敗卻都在意料之中。」

這些都是野村先生的名言。

雖然談的都是棒球比賽，但是，無論是工作、事業或人生，也適用上述的通則，這是因為他說一字一句，都是忠實呈現事物的本質。

最後那句名言「有意料之外的勝利」，並不是野村先生自創的名言，是出自於江戶時代的松浦靜山所著的劍術經典《劍談》。

不知野村先生是否也很喜歡閱讀。雖然過去曾有人主張「因為讀書會讓視力變差，影響比賽成績，所以棒球選手不可以讀書」，不過，和野村先生一樣喜歡閱讀的有名的職棒選手，應該不在少數。

野村先生還是職棒選手時，經常鑽研投手的投球動作、球路、球種，最後成為一位強棒打者，他都是透過閱讀自學而成。

人們問他為何當時有此發想，野村先生說，是在低潮時，閱讀泰德 威廉斯（Ted

Williams，一九一八年八月三十日—二〇〇二年七月五日）的著作《打擊的科學》（暫譯，原書名 *The Science of Hitting*），從中得到的啟發。

威廉斯一生之中，曾二度獲得美國職棒大聯盟打擊三冠王的殊榮，一九四一年，整年度的打擊率超過四成，贏得「打擊之神」的美名。

從野村先生的例子可以得知，有能力洞悉事物的本質，平時必須累積人文素養，而閱讀就是最好的方法。

■想說什麼，濃縮為一句話

說到底，究竟什麼是本質？

本質，就是事物的根源。

談到根源，物質可分解成分子，分子又可分解成原子，如此一來，是否自然而然就能溯及本質呢？倒也未必如此。

分子分解成原子之後，也有反而離本質更遠的情形，因此，掌握本質，並不是一件簡單的事。

自己是否真的了解所謂的本質呢？這裏有個最簡單的自我測試方法。

像是假如上司問你：「所以說，你認為問題的本質是什麼？」如果無法用簡潔有力的一句話歸納，就稱不上你已經掌握本質。

想要成為「一言以蔽之」的本質論者，必須培養凡事去蕪存菁的習慣，去除遮蔽本質的障礙才能明心見性。之後如果覺得自己獨自無法完成去蕪存菁的工作時，其實可以找一些志同道合的人一起討論，也就是「三個臭皮匠勝過一個諸葛亮」。

也許剛開始討論時可能抓不到重點，但也沒關係。下次討論時，再提出來哪些該反省的地方再做修正就行了。

想一次就抓住本質的重點是相當困難的，試誤幾次之後，就能慢慢地接近本質。

不只是探究本質的問題，其實，日本人有個壞習慣，那就是凡事都想要當下得到解答。以高爾夫球為例，立刻得到解答，好比高爾夫球一桿進洞那般困難。比方說，第四桿上果嶺再推三桿進洞，獲得掌聲。以職業高爾夫選手而言，表現不算好，但是，從本質論者的立場而言，算是相當不錯的表現。

如果上述說明還是沒辦法改變想要立即得到解答的想法，表示受日本教育的思想已經根深柢固，因為日本的學校教育之中，沒有解答的題目，是不會出在考卷上的。而且，學校還會教學生如何以抄捷徑解題。正因為受到這種填鴨教育，日本人經常不由自主地凡事總想立刻得到解答。

但是，這個世界上，並不是所有的問題都像學校教育那樣，凡事都有答案。甚至可以說，許多事情根本無解。

歐美教育會出一些沒有正確答案的問題，讓學生練習徹底思考。

出了社會之後，面對許多沒有正確答案的問題時，日本教育與歐美教育，哪一種比較派得上用場呢？答案不言自明。

■口頭禪是「我們這一行很特殊」的人

在管理顧問業界，同行都知道我是本質論者。因此，經常有人說：「堀先生不會說新奇特異的事，他只會一語道破本質所在。」

當我說明事物的本質時，經常有人衝口而出：「這本來就是理所當然的事情。」通常這種心直口快的人，都是庸才。

明明事物的本質已經擺在眼前，卻無法思考之後會遇到什麼問題，只看表象就直接反應，這種不把本質當一回事的人，大多都是只顧眼前利益，不會思考將來的平凡人。

「這本來就是理所當然的事情」，就像是宣揚自己的平庸一樣。本質，其實一點也不新奇。

就像水，無論在哪裏，都是氫氧化合物（H_2O）。如果無法從本質開始思考與討論，再怎麼討論也不會得出結果。

在我的經驗中，經常有企業客戶要求管理顧問，能提出空前絕後的嶄新提案。像是我們在對客戶簡報時，就會遇過這種「我當然知道水是氫氧化合物」反應的人。

這種人往往都無法察覺自己遇到的問題本質是什麼，可以說是當局者迷。倘若沒有像管理顧問這樣公正客觀的第三者從旁協助，否則客戶很難自行察覺問題本質的所在。

有些客戶所屬的企業，有很多問題，他們的口頭禪是「我們這一行很特殊」。

因此，有時會有如下的對話。

管理顧問：「請教一下，這一行究竟哪裏比較特殊？」

企業客戶：「嗯，該從何說起，就是你想像不到的特殊。」

管理顧問：「沒關係，今天有的是時間，請慢慢說、詳細說。」

等到對方細說從頭之後，管理顧問發現，這個業界根本沒有什麼特殊之處。

說到底，無論哪個業界，哪家公司企業，面臨的問題大同小異。只是程度輕重有別，或是因果關係相反。但是，管理的本質，其實一模一樣。

為什麼有人會強調「我們這一行很特殊」？說穿了，只是對其他業界不了解或沒經驗罷了。然而，管理顧問就不一樣了，從製造業到服務業，各行各業都有涉獵接觸，可以說，比客戶更加見多識廣。說「我們這一行很特殊」的人，主要是眼界狹隘又不了解其他產業，才會覺得自己這一行很特殊。

偶爾也會聽到一些主張日本這個國家和大和民族很特殊的發言，在我看來，道理是一樣的。說這些話的人，接觸的只有日本國和日本人而已。其實，和其他國家的外國人相較，日本人一點也不特別，就算有，頂多一％不同，其餘九九％都一樣。

會覺得日本很特別，只是因為對其他國家的不了解。這和日本是島國，而且曾有很長的一段時間實行鎖國政策有關。

■試著發掘相異之處

通常管理顧問的簡報會分成二部分，一是專案期間的中間報告，二是最終報告。中間報告通常都是依據實際情形，指出「有這樣的事象（events）與數據（data）」。進行中間報告時，並不會提出為何會產生這種情形的前因後果，也不會提到如何解決問題的結論。因此，在中間報告的一開頭，就會事先言明「今天不會提出結論，最終報告在兩個月後」。

每當中間報告結束之後，企業客戶的層峰人士問我：「堀先生，雖說結論尚未出來，但大致上是否已經知道了？如果從現階段推論，大約會是什麼狀況？」

面對提問，極少的情況之下我會回答：「雖然還不能證明因果關係，但這個和那個可能有關。」

主要是因為在中間報告的階段，如果對客戶說出沒有經過證實的預測與推論，此舉形同「帶風向」，有時客戶會當成最終結論。所以，身為管理顧問，發言必須謹慎。

在中間報告時，我不會預測與推論，反而會問企業客戶：「請問今天的中間報告裏，您最感興趣的是什麼？它可能成為最終報告的重點之一。」

管理顧問並不是將所有工作全都攬在身上，而是與客戶合作，共同找出最佳的解決方案；這就是這一行的商業模式。

所以，我經常向客戶提問，聆聽客戶的意見。如此一來，在最終報告的階段，就能將我所接收的情報，轉換為最佳的結果進而發表。

許多人都誤以為，管理顧問的主要工作，著重在分析事實情報和數據資料，其實不然，管理顧問最重要的工作，就是持續並且重複聆聽客戶的問題與意見。

有趣的是，明明是同一家公司的員工，總公司和現場第一線的員工說法就有出入。有時候，在零售商聽到的情形，會比較接近地方分公司員工說的情形；此外，消費者的意見又和總公司、現場第一線的員工與零售商聽到的截然不同。

究竟為什麼會有不同的意見產生呢？

主要是沒有仔細調查，才有這種情形。

調查時，只要稍微改變一下提問，所得到的結果就會完全不同。如果想要提高調查精準度，就必須增加調查母數。

有時就算調查再怎麼仔細，仍舊會有無法整合各方意見的情形，其中潛藏著問題的本質。

立場改變，感受與觀點也會隨著不同。

就像把橄欖球橫放，長邊兩端在九點鐘和三點鐘方向，球與眼睛同高，人站在六點鐘方向觀看這顆球，呈現橢圓形；再把橄欖球順時針方向轉九十度，長邊兩端朝向六點鐘和十二點鐘方向，球與眼睛同高，人站在六點鐘方向觀看這顆球，呈現圓形。

如果從意見分歧點往下深掘，往往就能挖到問題的本質，這也是管理顧問從事這份工作一償宿願的時刻。

■一個話題能從三個不同的角度切入

有時自認說得很清楚，可是對方聽不明白，一臉茫然。

若有朋友或同事對你說：「不懂你在說什麼」「所以呢？」自己就要多加留意。

有些人就連寫一封電郵也長篇大論，有時勉強自己看到最後，卻不知道對方究竟想說什麼。

不論是說話或是電郵都抓不住重點的人，大多是連他們自己想表達什麼都搞不清楚，這些人對於新聞解說或網路消息，也多半是囫圇吞棗含糊帶過，根本就不想多花心思了解別人在說什麼。

開口之前，沒有事先想清楚再說出來，連自己都搞不清楚想表達什麼，怎能寄望別人聽得懂。

所以，別人才會說你：「我根本聽不懂你在說什麼。」「所以呢？」

我通常會建議這樣的人「換個方式表達」，結果對方立刻變成口齒不清、表達不順，為何無法換個方式從別的角度觀點來說呢？最主要就是因為自己尚未將這些事情完全消化，他們也知道自己有這個問題。

若能用心將重點放在了解本質，就能從三個不同的角度談一件事。也就是當成練習，試著將相同話題從三個不同的角度切入的程度。如此一來，就能漸漸提高對事物的理解能力，也會養成用更多面向、更高的視角看事物的習慣。

時常我們看待事情的方式，會在不知不覺中定型，這會造成我們的見識愈來愈狹隘，必須多加注意。

以人工智慧（ＡＩ，artificial intelligence）為例，可從決策支援系統（ＤＳＳ，decision support system）、深度學習（deep learning）、技術的奇異點（singularity）三個觀點來說。

決策支援系統，是指企業或組織利用人工智慧來輔助制定決策的資訊系統。深度學習，是指電腦利用數據（data）自我學習；技術的奇異點是指人工智慧的能力超越人類之後所發生的事。

深入了解這三個觀點後，假使能以有別於一般常見的說明，以淺顯易懂的方式，用自己的話語說給別人聽，表示對於人工智慧已經有相當了解並消化吸收。

■結晶化：長篇大論濃縮為一句話

能做到將一個話題從三個不同的角度切入之後，接下來，就是做到濃縮、精簡、結晶，這樣才能愈來愈接近本質之道。

說到底，那些說了長篇大論卻語意不清的人，根本不了解什麼是本質。

我常反問語焉不詳的人：「你到底想說什麼？能不能用一句話簡單說？」對方有時滿臉疑惑地問：「只用一句話？」我只好改成：「用一句話如果行不通，不然，用三句話吧。」

其實表面上就算再複雜的事情，都只需用三句話就可以說明清楚了。

英語中有個字彙「crystallize」，是指「結晶化」的意思。

像那些不了解本質就長篇大論侃侃而談的人，就是說話欠缺結晶化的人。

本質都是潛藏在精華的結晶之中，就像鑽石是由無數的碳分子結晶而來的。

從由炭所形成的黑鉛以人工方式讓它結晶化，過程中還需要攝氏一千五百度以上的高溫，並在六萬大氣壓（按：每平方公分約六十二公噸重）的高壓之下，才能形成人工鑽石。

一樣的道理，真的下定決心想讓自己口才更好，更能具有清楚表達事物的能力時，就應該想辦法練到可以濃縮結晶到一句話的地步。如此一來，說出的話就像高溫高壓淬煉後的鑽石般閃閃動人，吸引聽者們。

沒有經過淬煉結晶化的話，一旦說出來，就像炭跟黑鉛一樣，無法吸引人，也打動不了人心。

常有員工說：「堀先生的簡報和電郵都很簡短」，那是因為不管簡報也好，電郵也好，簡單表達事物，已經成為我的習慣了。

身為商業人士，平日每天接收幾十封以上的電郵，一定要能做到回信時簡潔扼要又不失禮，就能傳達本質，同時藉此自我訓練表達方式和溝通能力。

■一邊說話、一邊想著三分鐘後的事情

我認為好的文章，是用句點結束的短文，而不是用「雖然」「但是」之類的連接詞，也不要逗號，即使沒這些標點符號，依然能夠知道語句的順序轉折。順接文是指文章按照前因後果的順序平鋪直述，逆接文則是跟順接文相反，先說結果再說原因。

最理想的文章，就和說話一樣，能夠內容精簡。但是，苦於說話無法結晶化的人，寫作一樣也無法做到。

我有一位同事，總是長篇廢文，有時跟他說：「文章的內容至少稍微再想一下，最好簡短一點」，但他卻回我說：「再簡短，就只剩句號了」。

說話與寫文章一樣，句子盡量簡短，最好不要用連接詞。如此一來，才能贏得「口才好」的評價。

雖然說話的用詞與寫作的用詞有互有關聯，但也不是完全相同；說話機會多的人，不

妨多練習說話；寫作機會多的人，盡量多練習寫文章。其中一項進步，另一項也會跟著進步，有著相輔相成的效果。

擔任新聞記者時期，不斷重複磨筆鍛鍊如何精簡寫作。

我在投入管理顧問業之前，曾是《讀賣新聞》記者。

就算是新聞報紙的頭條新聞也頂多只能七十行左右，在那時一行約十五個字，所以七十行相當於一千字左右。有些新聞前後全文加起來才五行，約七十五個字就得敘述完成。也因為有這樣的背景經歷，造就了我後來的簡報和演講評價一直都不錯。

我離開報社之後，曾經任職於三菱商事，之後再到管理顧問界，進入ＢＣＧ工作之後，受邀寫稿的頻率也增加了。稿紙有四百字跟二百字，我比較喜歡二百字稿紙，我稱為「薄薄的一張」。在埋頭寫作的日子裏，一天大約寫一百至一百二十張左右。六百張稿紙大約可以出版一本書，所以，五至六天可以寫完一本書。

我的印象中，在寫作全盛期，寫好的六百張稿紙之中，責任編輯用紅字修正校稿的地方只有四個地方，然後就直接排版與印刷。

當時，作者以稿紙寫好的原稿，責任編輯通常在稿紙上潤稿校對，寫了一堆紅字。不過，當時的責編對我說：「堀先生，您的稿子就像一場棒球的完全比賽，讓人稱奇。」為什麼我的原稿能寫得像是一場完全比賽？那是因為在我的腦中，早就把整篇文章整本書的構想藍圖，都規畫好了。

過去，我都是用手寫方式完成一本書，不過，現在和以往不同，手寫速度慢於電腦打字，加上手寫時常跟不上思緒，因此，除了稿紙以外，我也會用便條紙輔助，想到什麼就先寫下來。

說話時也是用這個方式，在說話的當下，已先想到三分鐘後的事了。因為在說話當下若只能想五秒鐘以後的事時，說話會下句不接上句，讓聽者覺得「卡卡的」而有壓力。

這種能力並非與生俱來或ＤＮＡ遺傳，是因為人都會在有需要時，藉由自我學習與自主訓練，就能培養能力。

■難以將思緒「結晶化」時，可用因數分解

將話語精簡結晶化以及轉換不同角度的說話方式，一般人若沒這些習慣，做起來確實有難度。所以，為了能更簡便抓住說話的本質，可以用因數分解的方式。

比起結晶化的方式，用因數分解會簡單得多，不用像將炭淬煉成鑽石那般費工夫。要把一件大的事情分割成幾件小事，然後在筆記本或白板上畫出重點關鍵字眼。

分割成幾件小事之後，若仍然不了解時可以試著再分割更細一點，如此重複做幾次，就可以分割到自己能理解的階段。

之後再用更高的視角審視其中的相互關係，將其關聯性在腦海中串連起來，就算再難的事，都能清楚明白地表達。

如前所述，分子分解成原子，未必看得見本質。其實，有時候分割太細，反而會看不清本質，這是由於分割太細之後，彼此關聯反而變得不具體，導致看不清了。

身為管理顧問，每當遇到一些企業或組織的問題本質不容易看清楚時，我就會使用因數分解輔助，找出本質。

但也不知道企業本身的問題到底要分割成幾塊才行呢？也不能一開始就分得太細，這會造成看不清本質該從何下手，所以大部分都先分成六至八塊。

再將分割好的部分一個個結晶化，能整合的就歸類，逐漸併成三至四類，慢慢地接近本質。

最後，再以這些為基礎，透過深度訪談，進而徹底了解立場不同的人有何想法。

■逐一解說，消除對方的疑問與不安

於公於私，經常會碰到有一種人，總是想要試圖說服別人。

不過我相信，一般人難以說服，愈想說服對方，愈讓對方漸行漸遠。正因如此，不應該是說服，而是讓對方心服口服。

「說服」這個字，意思是指「說到讓人佩服的程度」，字面上的解釋看起來，說服與讓人心服口服的意思相差不遠，實際上卻有不同。

說服，是把自己所思所想傳達給對方，有些誘導的成分，而且大部分會選擇對自己有利的話語勸說對方。可是，一旦對方察覺遭人勸說時，就會有所戒心。

即便是說得頭頭是道，但若對方產生了不信任感時，反而會變成一種反效果。

另一方面，心服在字典中的解釋是「十分了解他人的想法與行動」。使人有「對，就是那樣」的共鳴，以及獲得認同的感受。

心服，並不是受他人影響，而是自己切身的感受。所以想要讓人心服之前，要先試著傾聽對方說什麼話，找出對方的疑慮和不安，並以對話方式慢慢地消除。

當你說到本質的剎那，才是對方心服口服的時候，因為我們說的話，是實實在在的出於我們口中，而不是網路上看到照抄的詞彙。

要讓說出口的話趨於本質，最重要的還是要多閱讀，透過閱讀，將文章內容消化吸收，成為自己想說時就能活用的內容。

■必須說服對方時，以眼神助攻

有時想說服那些總是看起來不相信人的對象時，還有一種方法，就是利用「眼神」。為什麼這麼說呢？在人的五官構造中，眼睛是唯一透露大腦訊息的器官，這是因為大腦和視神經直接相連，眼睛所看到的十之八九都進入大腦並且盤踞著其中。大腦所想也會從眼神透露，所謂「眼睛是靈魂之窗」就是這個意思。

所以說，看眼神就能了解對方心想什麼，想要說服對方時，不能總是站在對自己有利的立場，也要站在對方有利的位置設身處地，這樣才能顯示出誠意且這樣的誠意會由眼神流露出來。

當對方直視我們的眼睛時，必能感受到我們具有「站在他們的立場所提出的解決方案」的誠意。最算言詞再怎麼笨拙，也許還是能讓他們心服。**眼睛是大腦的發言人**，所以可以將眼神當成說服別人的一種工具。

於公於私，微笑是日常生活的武器，如果只是皮笑肉不笑，也就是嘴角笑但眼睛沒笑的「假笑」，很容易讓人識破。

發自內心的微笑，不只嘴角上揚，也會牽動眼角。所以當兩者不一致時，很可能從眼睛洩密。

■化難為易

作家井上廈（一九三四—二〇一〇年）曾說過一句名言。

「化難為易，化易為深，化深為趣，化趣為真，化真為愉，化愉為悅。」（出自劇團「小松座」公演雜誌《the》）

其中，我特別有共鳴的就是「化難為易」。將難事說得很難，其實很容易，原因在於要說難的事所選的詞彙定義比較嚴謹，知道這些詞彙定義的人就能了解，不知道定義的人就不會了解。

可是，簡單的事雖然很容易了解，但詞彙上的定義就非常模糊。一不小心，可能弄錯或誤解意思。所以，化難為易是一件不容易的事。

在一場演講中，曾有一位聽眾提問「關於把外匯交易當成資產運用，請教您的看法如何？」對那些經濟評論家而言，或許可以輕鬆解釋外匯這個專有名詞，但我不是經濟評論家，究竟如何說明解釋外匯市場的本質給他聽呢？

我試著這樣解釋：

「外匯市場就像一場零和遊戲，既然一方有得，他方必有所失，全部總和起來為零的世界。

有先買美金等日圓貶值時獲利後高興的人，就有賣美金匯差損失慘重痛哭的人，那些也許在日本，也許在美國、中國大陸，總之，一定在世界某個地方。

個人的投資者，在莫大的外匯市場中，就像是海中蜉蝣，沒有什麼情報消息、也做不出多好的分析。比方說，南極有身體碩大的鯨魚，這些鯨魚專吃蜉蝣，在外匯市場中專門的投資機構就像鯨魚一樣，情報消息一大堆，還用那些人腦算不出來而用電腦、儀器分析所得到的數據資料，才操作外匯買賣的。

如果想花錢投資，倒是不反對。倘若常識告訴自己，這樣的投資注定失敗穩輸，建議還是不要花錢投資比較好。」

這樣淺顯易懂的說明之後，那位提問的聽眾也心服地頻頻點頭，認為我說得有理，其他聽眾也掌聲喝采。所以說，想要化難為易就是將一件難事簡單明瞭地說出來，必須抓住事物的本質。

充分了解本質後，隨便舉例說明都能讓人了解，如此一來，才有可能獲得別人「那個人說話很有趣」「淺顯易懂」「之後還想再去聽他演講」等之類的評價。

【專欄三】日本的風險投資為何不受歡迎的四個原因

「得愛企業管理諮詢有限公司（DI）是日本企業中很稀有的公司，或許可以找機會合作。」當美國的俱樂部貸款會員一開始提到這件事時，四人之中有三人強烈反對。

他們說：「我們絕對不讓日本人或日本企業加入。」

這些反對者並不是因為種族歧視，而拒絕日本人或日本企業加入。

事實上，美國的投資專家都是態度冷靜嚴謹的人，他們通常不會有情緒性的發言，他們反對的理由包括以下幾點。

第一，日本人或日本企業做決策時，速度非常慢。

所以，他們認為：「如果讓日本人加入，會拖延了整個投資的決策進度。然而，時間就是金錢，所以堅決反對日本人或日本企業加入」。

其次，日本人投資金額少但評估時間太久，「甚至有時還會說因考慮到風險過高，這次就少一點投資。」

對那些美國投資專家而言：「如果怕這怕那又怕風險高，乾脆不要投資。」

第三，日本的組織內部得到的消息情報都不會徹底互通共享，說到要投資時，投資綜合研究所的所長、其他部門的部長，一堆頭銜的人都來攪和，每個人都問相同的問題，花太多時間去一個個解釋費時耗力。

第四，也是最令他們氣憤的事情，就是來了一堆人，卻連一個能夠提供意見或洞察（insight）的人都沒有。這也是他們最不能接受的原因，所以他們認為，和日本風險投資專家打交道，根本就是浪費時間也毫無意義。

值得慶幸的是，美國風險投資專家討厭的這四項原因，DI一項都沒有，所以能受邀加入俱樂部貸款風險投資的行列。而且，DI所參與的投資案都以匿名的方式。

為什麼DI匿名投資？

那是因為若讓其他日本的投資企業也知道DI有參與的話，那些企業一定也會蜂擁而至說他們也想插一腳。

美國方面是因為DI這個公司才讓日本企業加入的，如果一堆人要求加入之後，還要一一解釋拒絕的理由也很麻煩。所以，DI有幾件投資案都是以匿名方式投資。

第四章

因應不同場合情境的有效溝通方法

■理想的會議人數不超過六個人

在邪惡的官僚主義肆虐之下，大大小小的事情都用開會的方式決定。

其實，無需贅述，大家也知道，這樣形式化的會議根本就是浪費時間。

會議是職場藉由溝通討論做出決議的場合，所以，要改的是會議內容以及造成會議溝通不良的會議方式。

想讓會議成功第一要訣，便是會議的參加人數。過多的人數會沖淡緊張感，不管開幾次會始終沒有結論。甚至原本寄予厚望、號稱時代先驅的經營策略會議，反而成為壓垮企業的最後一根稻草。

會議最多不超過十人，其實六人最理想，超過十人的會議，不能稱得上是效率好的會議。

基本上，我不大擅長應付沒有緊張感的會議。更準確地說，不只是會議，晚上的私人餐敘也是，若超過七人的餐敘，我通常都不參加。

在百忙之中撥出時間參加餐敘，若參加者超過七人以上，就會產生小團體，這邊的跟那邊說的話題就會不同，要說同樣的事情也比較難，如此一來，就沒有必要一起吃飯了。

私人餐敘的參加人數，我通常都不會設定超過六人，大多四人以下。六人有時需要預約包廂才行，四人的話一張桌子就行了，比較容易預約。

■對會議毫無貢獻的人

上述提到理想的會議，與會者最多不超過六個人，如何減少人數的要訣，在於不請對於會議毫無貢獻度的人進入會議室。所謂的對會議有貢獻度，是指能積極在會議上對自己的意見、實行方法負起的責任勇於發言。

會議不是班會也不是議會，並不是採多數表決方式進行，十人中就算有七、八人反對，只要有人能踴躍發言，就能帶動整個會議。

貢獻度高的參與者愈多，會議的成功率就愈高。

對會議沒有貢獻度，換言之，只是一些事不關己的人聚在一起，就算有十個人也仍舊決定不了什麼，甚至連新的意見也沒有。

有時也有可能這十人既不贊成也不反對，這樣的會議根本沒必要開，一點意義都沒有。

有些人只是坐在一角，從頭到尾都不吭一聲，這種人有可能是不想增加自己的工作負擔，或者不發言可以規避責任。這種無關痛癢的與會者，真的沒必要參加。另一種滔滔不絕、自顧自地說一堆自己的想法和意見的人，也讓人頭痛。為了讓會議真正發揮目的作用，必須營造出與會人員都能傾聽發言者說話的會議氣氛環境。

會議中認真傾聽他人發言不會預設立場或有先入為主的觀念，雖說是一種常識，但真正能做到的也只是少數人罷了。

在我的經驗中，確實有幾位屬於董事長級的大人物可以做到這一點，其他一般總經理級的層峰也一樣做不到。

認真傾聽對方說話時，有時會覺得好像有點認輸、損及自尊，所以說，無法認真聽別人把話說完，有時候是防衛自尊的保護機制。

這種廉價的自尊，不要也罷，為保護自尊的預設立場和先入為主的觀念，幾乎百分之百是錯誤的行為。

假使能將矇蔽雙眼的預設立場和先入為主的觀念都拋開，試著認真傾聽對方發言，那麼一定或多或少都有收穫。

雖然特別撥冗參加會議，且大部分會議內容也都已經知曉，如果能認真聽偶爾還是會有意外收穫，猶如河裏淘金一樣，有時候真能淘到一些金沙。

現學現賣的「剛聽了A先生的想法得到了一個靈感，所以做了這個提案」，這麼一來與會人員就可意見交換不斷討論下去。

持續一、二小時之後，與會者一定比參加會議之前更能了解情況，這才是我理想中的會議的方式。從會議中得到的結果，讓與會的每一個人都能在自己的部門裏執行，對組織整體都有加分效果。

■意見表達避免過於直白

不僅是在會議中，在其他場合也是如此，許多職場工作者毫不修飾地表達意見，如同直球進壘讓人無法招架。最大的原因就是以為「自己的意見是正確的」。

會有這樣的想法，主要是前述的預設立場和先入為主的觀念所致。特別是和年輕人一起工作時，發現有好多人都這樣。

覺得自己是對的，如果有人反駁就不甘示弱地回嗆。

這樣的想法，往往成為阻礙溝通的罪魁禍首，這種人應該培養在表達意見之前客觀思考的習慣才好。再試著衡量彼此之間的分際，倘若無法掌握，衝口而出的發言可能過於直白，讓人感覺氣場很強，但有時會產生反效果，甚至引起不必要的誤會。

在日本的組織結構中，存在著「槍打出頭鳥」（表現過於突出容易遭到打壓）的現象，原因是自我主張太強的人很容易招來「愛出風頭」的惡評。事情無法單靠一人完成，更何況是一個組織，要能將理想實現就必須借助眾人之力才能完成。

為了不樹敵而能增加更多人幫忙完成工作時，最好在意見表達時，避免太過直白。如同拳擊手，就算直拳多麼厲害，也不能老是猛打，腳步也要移動跳躍，等到對手更靠近時，再出其不意、攻其不備給對方重重一擊。

談話溝通也是如此，先說些無關輕重的事，消除對方的不安情緒，等對方贊同自己的意見之後，再積極提出能讓人信服的提案。

這不是說服，而是讓對方心服。用這樣的方式先提高對方的期待，乘勝追擊表達事情顯得比較容易，也能正確傳達溝通。

因為支持自己的人愈多，實現自己想法的機率也愈高。

■老是不聽話的部屬

也許這本書的讀者之中，有些人是新手主管，或是需要帶人。我想給這些讀者一些建議。

切記，組織並非軍隊，千萬別以為主管說的話，部屬就一定會言聽計從。這世上若有部屬像忠犬小八一樣認真聽話乖乖照做的人，務必要介紹我認識這個稀有人物。

至少就我四十年的職場經驗中，沒遇過這種人，大部分都是將上司的指令、命令當成耳邊風，左耳進右耳出，認真點頭也只是配合演出、假裝聆聽而已。

人其實滿矛盾的，當自己成為主管，希望部屬能夠按照自己的指示去做，但捫心自問，以前自己身為部屬，對於上司的指示與命令也都聽命執行嗎？

為什麼部屬總是不會聽從上司指示呢？理由很簡單，就是自尊心作祟，經常會有人這麼想：「我又不是笨蛋，就算不按照主管的指令進行，我自己也可以判斷該怎麼做。」

部屬中有些都是學歷高、智商也高的人，其實都很聰明。（眾所皆知，我不大相信學歷）。

但是，職場上很少有那種經驗不足卻能做出正確判斷的人。

所以，當自己成為組織的領導者需要帶領部屬時，先做好心理建設，那就是部屬可能不會照著自己的指示去行動。先預設也許會失敗，以這種心態去準備較能周全。

就算有造成些損害，但對組織整體而言並不會構成多大的威脅傷害。

記取失敗的教訓，與部屬共同找出失敗的原因，徹底藉著這次的機會教育部屬，讓他們了解聽從上司指示行事的重要。

■「報告、連絡、商量」工作三鐵則

人在職場，「報告、連絡、商量」是非常重要的工作鐵則，想必大家都知道。大家都認為「報告、連絡、商量」是的基本功，很容易做到，事實不然。

在我的經驗中，能做到這三件事的人是程度很高的人。判斷這件事只需報告就好，那件事還需與上頭商量該怎麼做才是，這是需要具備概觀整件事該如何處理才好的能力，才有辦法做到。

換句話說，對能力不好的部屬，要求他「確實做到報告、連絡、商量三鐵則」是相當困難的。有能力做到三鐵則，就有能力做好事情；這也是我做了近四十年主管的體會。

有時問那些不報告的部屬：「這麼大的一個案子，為何沒報告呢？」他們就會回說：「您的意思是說，應該事先報告才對嗎？因為看堀先生您在忙，所以一直猶豫要不要跟您報告，也怕您罵我：『這種無聊小事不用逐一報告』。」

遇到這種情形時我就會說：「下次就別自己判斷，先找我報告，總之，先做了三次之後再說」，即使話都說得如此直白，還是有些許多人做不到。

為什麼說想罵人呢？其實是有原因的。當三鐵則沒有確實做好，導致重大失誤發生時，要前去道歉的都是上司們，若對方仍不接受時，到最後有可能總經理、董事長出面道歉才能擺平。

這時候，上司、董事長總不可能說：「關於這件事，因為部屬沒有確實做到報告、連絡、商量三鐵則，我並不知道具體情況，才會造成這樣的錯誤。」若真這麼說，恐怕會遭對方嘲笑，也不可能用這個理由來道歉。

所以，在公司新進人員的教育訓練上，無論多小的事情都要求能確實做到「報告、聯絡、商量」三鐵則。

■如何平衡「責罵」與「稱讚」

人類是一種傲慢的動物，就算聽到指示、命令也不一定會照做。通常做不到三鐵則時，主管就會開罵。

一般在教育上分為二種類型，一種是挨罵之後才會改，一種是受到稱讚之後才會改。近年來，日本有些教育專家主張，不應該只是用開罵督促改進，應該以稱讚讓人改進。但我覺得不管是罵才會改或誇才會改，二種類型應該同時並行才是。

如何平衡「責罵」與「稱讚」才是重點。

若有「誇一分罵九分」才能改進的人，就會有「誇九分罵一分」才能進步的人，身為一個上司就要有能力去區別箇中差異，主管如果不能好好教育部屬，說穿了，根本沒有資格成為人家的上司、主管。

我之前看過的例子，大部分男性在精神上要比女性還要弱，體力上則比女性強些，女性較有韌性，感覺這樣的例子愈來愈多。

當然每個人狀況不同，無法一概而論，對待男性部屬時，最好能夠慢慢增加稱讚的比例會比較好。

女性比男性堅毅，先罵後誇、先貶後褒，對方立刻就能改進並且快速成長。

■啟發部屬潛能的「提問能力」

部屬會有什麼樣的問題呢?有經驗的主管，應該很容易就能看出問題點，然後解決它。(假設僅止於聽從上司指示的階段)但這樣做又會造成部屬無法累積經驗或成長，哪天又會再度犯同樣的錯誤。

除了能讓部屬成長，培養洞悉問題進而解決問題的能力，還能省下當部屬遇到問題碰壁時要教他們如何解決問題的時間。

所以，主管要養成部屬的「提問能力」。

做為上司平時就應多觀察注意每個部屬，要能了解他們的思考邏輯與行為模式。

像足球教練一樣，要熟悉一個球隊平常出賽的前衛、中衛、後衛的選手們會用的戰術，掌握踢球的模式的道理相同。

若能熟悉部屬的思考邏輯與行為模式的話，就能藉由提問，讓部屬自己找出問題，並且引導他們找出解決方法，這就是我所謂的提問能力。

比方說，某位部屬向A社推銷新產品B失敗，這時上司可以問部屬以下幾個問題：

「公司新產品除了B還有C、D，你卻向A社推銷了新產品B，可以說一下原因嗎？」（了解原因）

「A社是個比較重視成本的公司，比起推銷高性能但價格稍貴的B產品，不妨推銷性能比B稍差但市場價格競爭較有優勢的C產品，如果一開始就推銷C產品，也許A社就接受了？下次再去推銷C產品看看。」（提供建議）

像這樣利用部屬的思考邏輯和行為模式，套在實際的業務銷售中去問部屬問題，讓他們去找出問題點所在，學習如何做才不會失敗，增加經驗值進步成長。

提問時，也要注意時間點。

千萬不要選在部屬遇到失敗、意志消沉時白目地提問，因為此時他們呈現放空狀態，根本無法回答主管任何提問。而且這時候開口提問，會讓他們覺得主管拐彎罵人，更加重失敗的挫折感。

等到他們受挫的心情稍微平復時再問，抓住關鍵提問，引導部屬能發現解決之道，同時還可帶動整個團隊的活力。

■如何避免「我說過了」「你沒說」的爭論

當我在閒聊時，經常會出一些謎題讓大家猜。

「利用蒸氣火車建造了第一條公共鐵路的喬治・史蒂芬生（George Stephenson，一七八一－一八四八年），與建造橫貫美國大陸鐵道的人，哪一個比較厲害呢？」冷靜思考之後，會發現這是個傻問題，而認真思考這個問題的人，還真有點好笑。

知道我為何出這種謎題嗎？

一八〇四年，英國工程師理查・特里維西克（Richard Trevithick，一七七一－一八三三年）發明了世界上首輛可以實際運作的蒸汽機車，而將它實際運用在公共鐵路上的是喬治・史蒂芬生。然而在日本，特里維西克幾乎無人知曉，史蒂芬生則赫赫有名。日本的教科書上，介紹開啟英國工業革命的始祖就是史蒂芬生。順便一提的是特里維西克的孫子理查（Richard Francis Trevithick，一八四五－一九一三年）和法蘭西斯（Francis Henry

Trevithick，一八五〇—一九三一年），在明治維新時期（按：一八六八年由明治天皇發起的改革）受邀為日本製作第一輛國產蒸汽火車。

另一方面，首位構想第一條橫貫美國大陸鐵路而做實地調查的人是阿薩・惠特尼（Asa Whitney，一七九七—一八七四年），而推動美國聯邦政府著手建設第一條橫貫大陸鐵路（First Transcontinental Railroad，原名太平洋鐵路〔Pacific Railroad〕，其後稱為陸上路線〔Overland Route〕）的是西奧多・朱達（Theodore Judah，一八二六—一八六三年），人們稱他為「美國大陸橫貫鐵路之父」。

上述的這二位或許在美國很有名，在日本卻很少人聽過，教科書上也沒寫他們，比起史蒂芬生的知名度有著天差地別。

美國是世界第一大國，能建造橫貫美國大陸鐵路的工程真的貢獻很大，若沒有這條鐵路的存在，還只停留在驛馬車隊的年代，根本就不會造就如今美國這般的強國。

如此一來，世界史應該會大幅改寫吧。如此想來，橫貫美國大陸鐵路與蒸汽機車的實用化的成就不相上下。

稍微換個話題。

在英語中「運輸」（transportation）和「溝通」（communication）二者語感相近，都是將二個距離遠的地方串連。仔細區分，卻有很大的不同。

運輸是將實物做物理性的移動，從A處利用人或物品移至B處就結束了。而溝通可用信件做為物理性的移動，然而，是否真的達到溝通的目的卻不得而知，無法以肉眼判斷。

好比說信件送到對方手上，但是，如果對方無法理解信中的意思，就不能說是真正的溝通。又如電子郵件、電話或面對面的對話，即使形式上看似溝通，但也不能保證確實做到。

因為對方若不能理解話中意思，只能說明「話」已傳到，卻不能證明把「真正的意思」也傳到了。

若想好好學習說話和傳達溝通的方法，務必記住這樣的大原則。

若不能領悟這樣的原則，在職場上就可能常常發生一些類似「我說過了」「你沒說」的爭論。「我應該之前有說過」「你根本沒說」互相質問、反駁對方，這都是因為表達方式出了問題才會造成溝通障礙。

這世上還真有許多人忽視這個原則，像日本學校的老師就是很典型的例子。不管學生們感興趣的是什麼，有沒有充分理解授課內容，這些都直接忽視，只會自顧自地說著自己想說的話。

也許是因為學校教書再怎樣都能領到薪水，而這樣受老師們教育的學生畢業出社會後，也是用同樣的說話和表達方式，怎能指望日本有變好的一天？

■只用電話聯絡，容易發生錯誤

電子郵件和LINE日漸成為溝通傳輸工具，但還是有需要用電話的時候。電話的溝通容易產生誤解，所以看狀況，有時會再會在花些時間用電子郵件做確認。

「剛才已電話通知下周三傍晚六點在貴司開會，煩請確認」。雖然有些人會覺得很煩，但我始終要求員工們一定要做到「確認、確認、再確認，若不這麼做，會引起問題或誤解」。尤其是用電話當成傳話的工具時，有時發生會錯意、傳錯話、聽錯內容等。在注重安全第一的鐵路或工廠，到目前為止還留著以前用的舊習慣「用手指比向目標物的確認」動作，例如電車快進站時，在月台上的站務員會用手指著前方的鐵軌，確認沒有人或障礙物之後，喊一聲「可以前進」。

有人誤解認為：「高科技化進步的現代，怎麼還用這種落伍的方式確認？」用眼睛看、用手指比、再喊出聲音、讓自己的耳朵聽見，如果這四階段的確認動作都有做到，已證實是可以減少錯誤發生的「眼到、手到、口到、耳到」。

在職場上，希望能做到上述「用手指比向目標物」的確認精神，以減少出錯。

嚴格說起來，做事情不能單憑電話或電子郵件就解決了事，能實際當面談是最好的。因為懶得拜訪去而造成失敗，只能說有夠愚蠢的。

■用電子郵件不見得全部都能溝通清楚

電子郵件會留底，比用電話來得好。即使這樣，電郵寄出去之後，也未能確保內容是否真的傳達給對方了。

曾經有件事要和一位員工做確認，我在走廊叫住他：「那件事進度如何？」

他回：「那件事上星期就已經發電子郵件給您了。」

當下我跟他說：「這樣啊，但我對你寄的電郵沒什麼印象，或許已讀了但全然不記得了。」

他回答：「怎麼可能？」

我說：「怎麼不可能？你一定是認為你寄了電郵之後，我讀過你就交差了，萬一我沒記起來也是我的錯，對吧！」

他回：「我才沒這麼想。」

我說：「沒有這麼想就好，但你要知道，不是寄出電郵件就了事，還要確認我有收到也讀過，才算完成。」

他回：「好，我知道了。」

與電郵不同的是，ＬＩＮＥ有顯示對方已讀的功能，倘若對方明明已讀卻絲毫不記得內容，說真的，寄電子郵件或傳ＬＩＮＥ，根本一點意義也沒有。

對方能完全理解內容，而且記憶深刻，這才算是成功的溝通。

■話術的根本之道，在於互相尊重

在第二章曾說過傾聽的重要，那些強迫推銷商品或死纏爛打拜託別人幫忙的人，大多是不會設身處地為人著想或傾聽對方說話的人。

是誰都一樣，正忙的時候，有人前來推銷商品，或任性地拜託幫忙，只會感到麻煩。那些人都不會去想到這一點嗎？

如果想推銷商品，就應該設身處地想想看，何時去推銷比較不會造成對方的困擾，然後直接點明商品的優缺點，不要拐彎抹角。

就像人不可能完美毫無缺點一樣，商品也是如此，不是一味掩飾商品的缺點，而是應該打開天窗說亮話：「這商品雖然有這樣的缺點，但它的優點比缺點多，推薦給您，請務必試試看」。

如果為了掩飾缺點而拐彎抹角，反而浪費彼此寶貴的時間，若能為人設身處地著想，就應該了解這一點。

曾經讓我覺得很困擾的就是，有些人很優秀又認真工作，而且頭腦又好，但若是個什麼都留一手的人，很難與人建立信賴關係。

隱瞞不需要保密的事情，未必是好事，有時反而讓人感覺很差。

溝通的前提原則，是誠實以對。

誠實說出壞消息，才能有好的溝通討論。

話術的根本之道，在於「互相尊重、彼此信賴」，最起碼要從這裏開始。

商品與服務受人肯定、銷售很好時，就算有些不合理的要求，也會欣然接受。

但還是有人從頭到尾老老實實跟對方說實話，對方仍舊不相信的情況，也不能保證交涉就會順利時，必須有無法立竿見影的覺悟才行。

因為誠實以對的溝通，只能循序漸進的方式，才能達到最終的效果，總有一天獲得對方的信賴，讓交涉愈來愈順利。

■想用道歉謝罪平息對方憤怒的四個要領

不管是工作上的事情也好，私人的事情也罷，任何人都有犯錯或失敗的經驗。與其在那邊捶胸頓足、懊悔難過，倒不如趕快想辦法道歉解決才是。道歉謝罪來平息事情時，必須抓住四個要領。

第一，針對這件事誰該道歉謝罪，將責任歸屬畫分清楚。是自己道歉謝罪即可，還是必須上司出面才行？給客戶添麻煩時人，去道歉謝罪通常是上司或主管得做的工作。以我們公司來說，都由我親自出馬道歉謝罪。

第二，道歉謝罪的目的是什麼，必須明確快速說明。

「今天，主要是針對報價單弄錯一事，來向貴公司道歉。」目的簡單明瞭，別說些模糊的語句，像是「這次實在很抱歉，給貴公司添麻煩了」，讓人搞不清楚目的是什麼。

第三，認真分析、說明為什麼造成這次的錯誤與失敗的原因。

第四，針對今後不會再發生相同的錯誤與失敗而影響客戶，提出努力解決的改善方案。

總而言之，當事情發生了，一定要儘快道歉。但這時可能時間太匆促還無法分析和想出對策時，還是可以先跟客戶這樣說「目前的階段所想到的可能是這原因，再徹底了解調查後，會再提出最後的報告說明」。之後等到一切調查結果都出來後，再將改善方案提出讓客戶接受。

妥善處理錯誤失敗，找出解決方式，慢慢贏回客戶的信賴肯定，也是一種溝通模式。

■簡報以「轉→合」效果最好

管理顧問常有做簡報的機會，有對客戶、商務會議等，在這裏想介紹一個做好簡報的技巧絕招。

想走學者風的簡報方式很簡單，只要「起→承→轉→合」照著說就好。但是，如果面對歐美人士，以「起→承→轉→合」的方式做簡報，一定會讓他們急得跳腳說：「你到底想說什麼？」對歐美人士而言，要先從結論開始說，像是「結論就是如此這般」「為什麼會造成這個結論的原因是什麼」，要用「合→起→承→轉」的順序來說會比較好。

只可惜「合→起→承→轉」用在對日本人的簡報會議上，多以失敗收場。

「那些過程，都是為了導向最終結論所做論述罷了」，會產生一些質問與爭論。

所以我自創以「轉→合」開始的「轉→合→起→承」的簡報順序，由「轉」開始引起對方興趣，再說到「合」的結論。

因為如果使用學者風格的「起↓承」來開場，要講到最後的結論要花太多時間，聽眾的注意力也開始渙散，等說到結論時都已意興闌珊了。

所以對調一下順序先以「轉↓合」開始。

「為何要說『轉↓合』呢？因為有『起↓承』，所以也要有『轉↓合』」，用這樣的簡報順序通常會聽到「淺顯易懂」「不愧是」「真的很讚」等溢美之辭。

用「轉」開場，有時對方會「啊？什麼？」反應，但最厲害的簡報技巧，就是在最短的時間內擄獲聽眾的心。有「啊？什麼？」的反應後，身體也會自然向前傾，就表示成功吸引聽眾。

我也不是一開始就這麼厲害，也是累積到某種程度的經驗，有些自信之後，才會自創出這樣的新的簡報方式。

讀者們若想模仿我的簡報方式之前，一定要先練習習慣以前的「起↓承↓轉↓合」之後，再來試試我的方式也不晚。

而不管是用什麼樣的順序做簡報，到最後能將結論，再度以「起→承→轉→合」的方式歸納。

■簡報投影片控制在三張以內

做簡報時，有人會用超過數十頁的簡報檔。

管理顧問的最終提案時，通常都需要到那樣的頁數。但就平常一般的公司簡報或會議討論時，簡報頁數最多希望別超過三頁。

可以的話，精簡剩一頁是最好的。

簡報一頁要花三分鐘說明，三頁要花十分鐘，加上前提和總結，共花十三分鐘。

第一章曾經提到，超過十三分鐘聽眾的注意力就會開始下降，覺得枯燥乏味無趣，假使說話者沒發覺這一點，還繼續一直說下去，就真的很狀況外。

或許要發表的人，覺得做了頁數很厚的簡報很有成就感，自認「做了這麼多的努力，準備了這麼多的資料，對方一定會很贊同」，有一定的效果。

但已經重述過很多遍了，溝通的基本原則是必須站在對方的立場，遵守這個原則這話簡報最多不超過三頁。

不論用什麼方法手段，都必須將簡報濃縮精簡只成剩三頁，在做簡報檔案的同時，也能訓練自己迅速抓住事物本質的能力。

■至少練習十次，錄影其中三次

對於不擅長簡報，所以想要加強變好的人，建議唯有不斷練習，別無他法。什麼樣的場合做簡報？用何種方式做？所需時間是多少？都無法單純一概而論。開始練習時最少練習十次，其中三次用智慧型手機錄影下來，看著自己的樣子，或多或少有些尷尬，但這樣練習才有效。第一次錄起來看，進行修正檢討；練習第二、三次，然後第四次再錄起來看，再修正改進；接著練習第五、六次。

第七次一樣再錄起來看，然後練習第八、九次，甚至第十次。如此反覆練習，一定可以變得更好。

我剛踏入管理顧問這一行時，大約三十幾歲，也是這樣反覆練習。一次簡報至少練習十次，有些還練習二、三十次。

現在雖然有人稱讚我「演講或簡報都相當精采」，但這些也不是一開始就做到的。

職棒選手之中，大多有些人天賦異稟，但真正能成名的只有其中少數幾人，而這些成名的選手，基本上都比別人認真練習好幾倍。活躍於美國職棒大聯盟的鈴木一朗、田中將大等選手都是如此，想做好簡報，也是如此，絕無捷徑。

■氣味不相投、不對盤的人，盡量避免共事

典型的日本型溝通方式就是「以心傳心」，出自於佛教禪宗用語，這是指為人師父者以慧心取代文字，將禪宗真諦傳授弟子，引申為「心有靈犀一點通」。

以心傳心的境界，必須要像日本這樣的高情境文化社會（參考第五章的〈LINE造成日本衰退〉）才能辦到。也只有長時間彼此熟悉的人，方能做到。倘若價值觀、經驗值等完全不同的人，根本無法做到以心傳心。

雖說還不到心有靈犀、以心傳心的境界，但偶爾會遇到氣味相投、磁場相近的人，雖不曾長時間相處，一見如故又合得來，遇到這種人，千萬要好好珍惜。

相反地，遇到那些志不同道不合、氣味不相投的人，硬要湊在一起共事，其實滿困難的。不只自己覺得痛苦，對方也一樣感到不舒服。若能溝通達成共識，就必須彼此發出的頻率一致，如果彼此不對盤，明明這邊發出的是正面的訊息，那邊接收到的卻是負面的訊

息，這並不是三言兩語溝通就能解決的問題。有些人是不管任何事，都會曲解原意、負面解讀，這種人可能有說不出的自卑心作祟，或小時候遭遇心靈創傷。

不過，由於我們不是精神科醫生，因此一旦遇到這種人，根本不需要拔刀相助幫忙對方找出解決之道。

其實，職場中不對盤的人，再怎麼努力嘗試一起共事，終究徒勞無功，奉勸各位還是認清這一點，果斷放棄，另找氣味相投的人共事，對自己或組織都比較好。

可以的話，趁著和主管吃飯時，提出來說說看。

「老實說，我不大會跟某甲相處，某甲好像不大了解我說的內容；某甲說的話，我也常搞不清楚。您覺得呢？」試著直接問主管，或許說不定對方會說：「我也跟你差不多。」

如果你跟其他人溝通都很順利，那麼，溝通方式有問題的人就是某甲了。

如此一來，或許上司主管會說：「這樣吧，盡量不把你們兩個人排在一起工作，來幫你解決這問題。」

不對盤的人勉強湊在一起共事，是不會產生好結果的，勉強拖下去，對於組織而言，也是整體戰力的損失。

【專欄四】捨棄妄下斷言或先入為主的觀念以免誤判

以前一開始俱樂部貸款有介紹某個案子給DI，當時我們還在評估，其中有一部分的美國人以DI是日本的投資家為理由，堅決反對DI參與投資。

但在我的二位友人強烈推薦下，最後讓DI也能插上一腳。其中一位友人是賓州大學工學院（School of Engineering & Applied Sciences, University of Pennsylvania）的院長維傑・克馬魯博士（Dr. Vijay Kumar）。

克馬魯是印度人，一般印度人說的英語都有印度腔，因此較難聽得懂，但他的英語說得比美國人還要字正腔圓。

我問：「在印度出生長大的你，為何說得一口標準的英語？」他說：「自從來到美國後，每天都對著鏡子練習說英語。我才想問堀先生，為什麼你明明是日本人，卻說一口流利的英式英語呢？」由於先父是外交官，七歲就住在倫敦，所以會講英式英語，也由於英語發音的這個緣故，才使我們有緣成為好朋友，他也是我們DI的策略顧問。

另一位友人是在國防高等研究計畫署（DARPA，US Defense Advanced Research Projects Agency）研發機器人的基爾・布萊德博士（Dr. Gill Pratt）。DARPA是隸屬美國國防部的行政機構，負責研發用於軍事用途的高新科技，像是最早的電腦網路、GPS衛星定位等，近年來致力於機器人的研發。

這位布萊德與克馬魯非常要好，我是透過克馬魯認識布萊德。

由於他們二位的大力推薦才，讓俱樂部貸款的會員拋棄以往的成見，決定先跟DI談過後再做決定，也讓我能夠透過視訊會議跟反對的會員們談，結果針對科技與新創企業的許多觀點都很有共識之下，讓他們也肯定了DI。

他們可以顧及歐美市場，對日本、東南亞市場就無法兼顧，所以認為可以讓DI加入，協助處理日本、東南亞市場。

後來才知道，俱樂部貸款成員中三人裏有二位，和我一樣是哈佛大學的成績優秀者，就像高中同班同學那般，又增進彼此的關係。

第五章

引起日本人與外國人興趣的說話方式大不同

■表達方式笨拙的原因

跟世界上其他各國的人比較起來，許多人都覺得日本人的說話、表達能力不大好，也就是說溝通能力比較差。這也許跟日本人的英文普遍不好有關，以及出社會前所受的教育也有關。

日本的學校教育與歐美的學校教育有諸多差異。其中舉例來說，說話和表達的教育方式。

至少到高中為止，日本的教育是把老師們站在講臺上照著教科書教的內容全都背下來的填鴨式教育。

近年來，日本也終於開始漸漸主張所謂的「主動式學習」的教育，一方面除了對傳統的教育深切反省檢討之外，也讓學生能變得更主動學習的教育方式。

用主題討論或分組討論的方式，雖說才剛開始不久，但可期待對提升日本人的說話溝通能力有幫助。

只是現階段的日本教育方式主軸，仍以教科書內容為主的填鴨式教育為主，這也是一直以來我們所受的教育方式。

當然，傳統的教育方式在傳授教導知識還是有其意義存在，缺點就是過於被動接受知識，缺少主動思考的機會。

頂多是上大學後的研習課或者一些論文發表而已，所以在人前說話、表達的機會太少，這也是日本人談話溝通能力差的理由之一。

而歐美就不同於日本，而是採取雙向並重的方式。從小就開始訓練在人前如何說話和表達，這也是歐美人說話或溝通能力比日本人來得好的原因。

美國有些小學在暑假結束後，會有一個堂課，讓每位學生用三分鐘對班上同學發表「暑假裏最開心的回憶」。

算是寫作小論文再用口頭發表的一種方式。在日本也是有讓學生在暑假寫一些繪畫日記的學校，但要他們上台發表出來的學校就很少了，聽說好像是因為有些家裏有錢的孩子，會發表說暑假全家一起去夏威夷渡假有多好玩多開心，相形之下，家裏沒錢能出國遊玩的孩子就會覺得暑假過得不如人。

美國的貧富差距懸殊比日本還要大，一般小康家庭頂多要求家長暑假帶去位於波士頓的芬威球場看球賽吃熱狗罷了。

芬威球場目前是美國職棒大聯盟波士頓紅襪隊的主場。

在波士頓，常民最大的娛樂就是能邊看棒球邊吃熱狗。

老師們聽到這樣的暑假開心回憶發表後，也會讚賞發表的學生說：「那真是一個美好的回憶」。

同時詢問班上學生：「大家覺得如何呢？」讓學生們互相交換意見。

每個人體驗人生的方式都不同，讓孩子們了解到不一定非得花錢出國去夏威夷渡假，才算是暑假。

■每個人都會怕生

在日本，近年來出現一些終日在家的年輕人，不擅長跟人溝通或打交道，為此還出現了所謂「溝通障礙」的新名詞。

不擅長與人交談且溝通有困難，如果硬是要強迫繭居族去接觸人或與人溝通，根本就解決不了問題，還有可能造成一句話都說不出來的窘境。

溝通障礙相當於怕生，我認為一般人基本上都是怕生的，甚至可以說，這世上根本就沒有不怕生的人。

每個人都是藉用各種方式，不斷地努力去克服怕生。

「不擅長溝通」的藉口和「口才不好」的藉口聽起來其實是一樣的。說白一點，根本就是一種放棄努力的表現。我跟不熟的人在一起也是覺得彆扭不自在，常想對方有沒有曲解自己的意思，總有不安的感覺。

還怕對方會突然提出一些不合理的要求，所以，通常我不會接受那些不熟識的人的飯局邀約。

畢竟吃人嘴軟、拿人手短，對方若提出什麼要求也難拒絕。有些人平時還好，喝了酒卻發酒瘋。正因如此，每當被人邀約時我都會提議：「要談正事就來我們公司，純吃飯就約吃午餐吧。」晚上的餐敘一定會拒絕，晚餐我只跟親朋好友一起吃。

晚餐時間較長，加上又喝酒的話容易醉，就容易說一些意料之外的事情。

吃午餐的話時間就比較短，還可以找藉口：「下午還得參加別的會議」，同時也能避免喝酒。

說起怕生，其實也跟沒什麼好奇心有關係，像那些放棄走入人群與人溝通的年輕繭居族們，他們跟一般人比起來缺乏好奇心，只對特定的事物有所好奇，除此之外都興趣缺缺。

要不然，好奇心很強的人，怎麼可能會整天把自己關起來。

通常應該是不愛受限、勇於走入人群，或外出尋求刺激滿足好奇心的外向型（outgoing）才對。

不論在工作上也好在與人相處也好，好奇心是提升自我的原動力。

要常想著好奇心弱的話就比較難讓自己進步，所以要鞭策自己，提起精神、打破侷限，克服想退縮的障礙。

不用特別解釋，大家都知道單純的溝通障礙或怕生，與自閉症完全不同，自閉症需要醫學專家專門治療。

■每天犯三次小錯

只想活在自己的興趣領域，會有這種想法的人，一定害怕失敗且怕麻煩。

誰都會失敗，我也常犯錯。如果太在意失敗，就會慢慢變得凡事退縮。

其實，失敗的次數太少，就會害怕失敗。像我一年到頭都在失敗，所以根本就不怕失敗。

對於有「失敗恐懼症」的人，要讓他們克服恐懼症的最佳方法，便是每日試著犯三次的小錯或失敗。

但是，我並不是說故意犯錯，而是試著嘗試新的挑戰，即使失敗，就安慰自己不用太在意，初學者每個人都會發生這樣的錯誤、失敗。

不然，一直待在自己熟悉的舒適圈，根本不大有機會犯錯，也不想去嘗試新的挑戰或跟人有接觸。

每日都外出挑戰新事物犯三次小錯，一年下來就會有一千次以上的失敗經驗了。而經過這麼多次的失敗經驗以後，就不會再對失敗感到害怕了，人生也會漸漸的有所變化。

人常說「記取失敗教訓」，但這其實都是說給那些相對於「低級錯誤」來說，犯下「高級錯誤」的失敗者聽的。因為記取失敗的教訓，必須苦下功夫也要有些智慧，並非人人都能做到。對於犯下「低級錯誤」的失敗者，要求他們能夠記取教訓，無疑是過分的要求，這些人也根本無法做到。

總之，先試著如何犯下小錯，至少這樣就會先試著走出舒適圈。

剛開始可能會遇到一些倒霉事，但也是個經驗，人通常吃一次虧學一次乖，會長知識，也慢慢懂得該如何處理。

與其從別人那聽來一千個建議忠告，還比不上自己一次的親身經歷有效。

■切忌犯下刻意攀附的低級錯誤

沒什麼社會經驗的剛出社會不久的年輕人，在面對業務上的客戶時常會去找一些與對方有關的共同點。比方會先跟對方提說「我是您大學的學弟（妹）」以引起對方的注意，想說可以縮短彼此的距離，但大部分的時候反而是讓對方起戒心。

因為自己曾經也犯過類似的錯誤，羞愧到想隱瞞不願再提起。

以前我剛進入ＢＣＧ工作一段時間，與日清製粉的正田修社長（現任日清製粉集團總公司名譽總裁顧問）談生意，正田先生是日清製粉第二代正田英三郎先生（一九〇三—一九九九年）的次子，也是皇后美智子的弟弟。

正田先生從東京大學法學部畢業後，又取得哈佛商學院的ＭＢＡ，進入了位於美國波士頓的ＢＣＧ總公司工作，有企業管理顧問的經歷。也就是說，我是讀一樣的大學、研究所、還進入同一家公司工作的學長，會遇到這樣的機率的人少之又少。只是我進ＢＣＧ

時他已經離職回日清當董事了。

初次見面時，我非常的開心能遇到這位傑出的學長，我有些得意地自我介紹「我是您哈佛學弟、BCG的後輩」，現在回想起來，就覺得當時怎麼會那麼無知幼稚犯下這種「低級錯誤」。也許是因為能見到本人，所以興奮過度、得意忘形。

結果適得其反，因為這樣拉攏關係的自我介紹讓人起了戒心，擔心是否我別有用意想要接近他，就算我當時全無此意，但講一些自己的經歷或頭銜，企圖攀附對方，說真的，實在沒什麼意義。

好在後來的談話中，他慢慢放下戒心，最後生意還是有談成。但並不是我的口才有多好，也不是提出的案子有多棒，而是正田先生心胸開闊、大人大量，才促成合作。那之後也合作了好幾次，即便到現在我們私下的關係都還不錯。

可是不見得每次都能遇到像正田先生這種大器之人，最理想的就是在自己尚未開口時，對方先說：「對了，你好像是我大學的學弟（妹）。」

就像正田先生的例子，其實，就算我沒有事先報上名來，述說自己的學歷與經歷，他應該也會早就察覺到「堀先生是我學弟」。

若是擔心初次見面的人，可能沒能察覺我們是對方大學或同系所的學弟妹，見面之前，不妨先利用書信或電郵最後，簡短自我介紹，寫下如「兵庫縣出身，〇〇高中，△△大學××系，進入□□公司。三年後轉職，目前在◎◎公司擔任管理顧問」等簡歷，如此以來「這次要見的是同鄉同大學同系所的學弟妹，不知道是怎麼樣的人」引起他們的興趣。

盡量避免自我推銷，最好是對方感興趣主動詢問或有興趣了解才好。

■談話溝通能增進友誼

「同鄉」「同屆」或「同梯」比起「頭銜」，較容易增進彼此關係。不是用強迫推銷的方式建立起來的關係，更能有良好的溝通，然後再利用良好溝通增進關係，如此不斷的良性循環下去。

有時，再好的關係也會隨著日子久了，漸漸變差、變調、變淡，這時就需要用溝通來讓關係轉好。

好比說，我歷任的主治醫生，都是東京大學醫學院附屬醫院的醫生。東大醫院的醫生都是相當優秀的醫生，所以都會收到各地醫院的邀請「請到我們醫院來工作」。也因為這樣，我的歷任主治醫生，都是沒多久就會被挖角去別的醫院工作，他們就會又把我轉到下一位接任的醫生，可是，主治醫生常常換來換去，就失去所謂主治醫生的意義了。

有一次，我們公司的外部董事幫了我一個忙，他是我國中和高中的同屆同學，一直都在東大醫學部擔任教授，後來才邀他進我們公司。

那時，他跟我推薦：「幫你介紹一位優秀的醫生，他是我們高中十三屆的學弟，在東京新宿一家醫療院所當副院長。」於是，我就趕緊找那位高中學弟看診，感覺確實不錯。

乍聽之下，學弟感覺上沒有同屆同學親近，但我們首次見面就很談得來，之後也都一直讓他當我的主治醫生，所以說，這也是一個運用關係來增進情感溝通的例子。

■多使用敬語能增加機會

身為社會人的基本禮儀，就是在職場上能正確使用敬語，可是，近年來有許多年輕人，都不會說正確的敬語。

有些年輕人會對上司說「辛苦了」（ご苦労様です），聽取前輩寶貴意見後只說「有幫助」（参考になりました），正確的敬語應該說「您辛苦了」（お疲れ様です）、「我受教了」（大変勉強になりました）。

語言會隨著時代的變化而有所改變，我雖不覺得不會使用敬語有什麼大問題，而且有時候或許是年輕人故意講錯示弱，或想對長輩撒嬌時裝可愛的講法。

聽到我們公司的年輕人用錯敬語時，我也僅是笑一笑不置可否。但其中還是會有一些人覺得「不會說正確敬語的社會人士實在失格」，若因不會說正確的敬語而讓自己的評價變差，就會覺得很可惜。

相對來說，若是能說正確的敬語也就能增加一些機會。因為在同輩當中，一般人都不大會說敬語；會說敬語的人，相形之下就會比較突出，顯得比其他人優秀。而面對那些覺得年輕人也要說敬語的人，光是會說敬語這一點，就能讓他們刮目相看。

■LINE造成日本衰退？

我偶爾搭電車時，都會看到許多年輕人低著頭玩智慧型手機或傳LINE，也有人在玩手遊，看到這種光景，就讓我覺得日本的未來堪憂。

真想問那些跟自己傳訊息或LINE的人，是否都真能氣味相投、心靈互通呢？跟這些什麼溝通技巧都不用的人，傳些有的沒的，就占去大半的時間，說話與表達的方式，根本不會有任何進步。

平常也只用圖文或貼圖來交談，恐怕除了比較要好的朋友以外，跟其他人的溝通能力絲毫沒有進步。

而原本接受填鴨式教育，在封閉社會受保護的日本人，原來就不善言詞，這下子更是雪上加霜。

美國人類學家愛德華・哈爾（Edward Hall，一九一四—二〇〇九年）曾提出「高情境文化（high-context culture）」與「低情境文化（low-context culture）」。

高情境文化社會因為有許多共同的經驗與價值觀，所以即使不用語言也能心靈相通，日本就是典型的高情境文化社會。才能做到心有靈犀一點通（「阿吽呼吸」「讀空氣」）的境界。另一方面，在低情境文化的社會，則由於共同的經驗與價值觀太少，因此部分的溝通與思想，都需要藉由語言才能辦到。

像人種大熔爐的美國就是典型的低情境文化社會，心靈互通的「阿吽呼吸」或是察言觀色的「讀空氣」，根本派不上用場。

接下來的世界會往哪個方向前進呢？現今全球化正在朝著低情境文化的社會前進。不同語言文化背景的人，並不只是努力學習英語溝通，依照不同的語言所做的表達方式也應該要提升。除了好友之間的溝通之外，更應該重視與其他人的溝通。好友之間一個眼神就能心有靈犀一點通，但要做到不只是這樣而已，要能延伸到跟其他人也能這樣。若缺少與他人溝通的能力，將來日本人在這個全球化的社會中的存在感會愈來愈薄弱。

日本的鄰國韓國，國土面積比日本小，人口也只有日本一半不到（五千萬人）而已。若僅是依存國內的經濟市場根本無法生存，所以國家的經濟政策都是主張開放海外市場。

韓國原本和日本一樣，都是高情境文化社會，但為適應全球化趨勢，所以很早就開始進行全民英語教育。

反觀日本的人口是韓國的二倍以上（約一億三千萬人），所以光靠國內的經濟就可以維持，而日本人之所以英語不好的原因，也是因為只靠日語就能維持國內的經濟市場，在生活上也沒有什麼不方便。

像是赤城乳業的「GARIGARI 君冰棒」，銷售好到就算不用輸出國外，單靠日本國內的銷售就可以了。

但日本未來因為少子高齡化的關係，像赤城乳業這種一直以來僅仰賴內需便可以經營下去的企業，也會面臨到需要開始拓展海外事業才能維持下去的情況。

會成為溝通阻礙的障壁，一是日本人的溝通或做簡報的經驗值太低，二是過於倚賴高情境文化社會，造成溝通表達方式不夠成熟。關於這一點，還真希望現在的年輕人多少有些危機意識才好。

■為何美國的總統擅長演講

人常說美國的總統很會演講，林肯總統曾在蓋茲堡演說中發表了「民有、民治、民享」的名言。

甘迺迪總統在就職典禮的演說中也曾說：「不要問國家能為你做什麼，而要問你能為國家做什麼」，的確有許多名言。

在美國總統大選辯論會上的演說表現，會直接影響選情；相較之下，日本的政治家演說就差很多，連說個笑話圓場或炒熱氣氛也不會，有時甚至還可以聽到底下的民眾嘆氣。

但美國總統和總統候選人，都不是天生的演說家。

一旦成為總統或總統候選人，就會有後援會，有幫忙選服裝做造型，就連演講稿都撰稿幕僚擬妥。

一旦成為總統，會有幕僚一邊負責撰寫講稿、一邊負責潤稿。

說白一點，那些演講稿中根本找不到一句總統自己說的話。

甘迺迪總統的就職演說，也是出自於著名的同時擁有律師和作家身份的泰德．索倫森（Ted Sorensen，一九二八—二〇一〇年）之手。

在美國，不僅是總統，連政治家的演講稿大致上都會以下述的三步驟撰稿。

步驟一：清楚明白設定訴求的目標對象

簡單來說，對象是中產階級以下，寄望於大政府能解決社會問題改善福利制度，或者對象是中產階級以上，只希求小政府做事，必須清楚設定訴求的目標對象。

步驟二：針對不同的對象訴求的內容是什麼？必須好好編寫

針對中產階級以下的目標對象訴求，可能大多都是希望政府不要剝奪移民者的工作權，能保障求職受雇的工作權利。

另一方面，針對中產階級以上的目標對象，可能會訴求健康保險等稅金能減至最低限額或者減稅之類的內容。

步驟三：訴求的內容要針對目標對象的情感潤飾

對一般民眾，訴諸於邏輯理論還不如訴諸於情感的呼籲，來得容易與實際行動結合。

在歷史上最充分利用這種民眾特質的就屬德國納粹領袖希特勒，以及他的得意助手、號稱宣傳天才的約瑟夫・戈培爾（Joseph Goebbels，一八九七－一九四五年）。

日本的政治家有些也跟美國政治家一樣，有整個團隊幫忙服裝、造型、形象、宣傳、撰稿，只是還沒有像美國那麼專業。

若說美國是利用科技與無人偵測機的高科技戰爭，那麼，日本只能說是停留在使用人海戰術的落後國家戰爭。

在日本，那些議員政治家想到什麼就有話直說，有時甚至發言不當。為何會有這樣不同的情況呢？如前所述，美國是個低情境文化的社會，連政治都需仰賴語言溝通，所以那些能當總統的人都能言善道。

在高情境文化社會的日本，很難能找出幾個像田中角榮（一九一八－一九九三年）那樣重情重義的政治家，到現在，都還有人緬懷他。

■除了語言之外，也要理解文化背景

想要與外國人溝通，首要之務是必須了解他們的文化。僅是用語言溝通，品質不會太好。要和那些不懂日本歷史、文化、禮儀的外國人心靈相通，就更困難了。同樣的，歐美人也會要求外國人懂他們的基督教、羅馬法、希臘哲學等。

在歐洲伊斯蘭教徒與日俱增的情況下，今後更應該要多了解他們的文化、宗教等。從廣義的角度了解不同的文化，這也算是增加人文素養的方式之一。

為了與外國人溝通時能更順利，不只是會說流暢的外語，還必須平時多閱讀以培養文化素養。同時若能找到共通的興趣嗜好，像是閱讀推理小說、打高爾夫球等，那就更好了。

假使湊巧彼此都是阿嘉莎．克莉絲蒂（Agatha Christie，一八九〇—一九七六年，推理小說女王，英國偵探小說家）的書迷的話，真的就有話題一起聊。

還有一個可以多加利用的共通點，就是說壞話。

比方想跟歐洲人要好，就可以講美國人壞話，想跟東南亞的人要好，就可以說中國人的壞話。要跟美國東部出身的人要好，就講西部人的壞話，反之亦然。有句話說「化毒藥為甘露」，說壞話有時也能派上用場。

不言自明，壞話說多了總是不好，常說壞話，免不了別人懷疑自己「這個人是不是也到處講我的壞話」，漸漸地不受人信任。

想取得信任最好的方法，就是誠實相待，無關對象是日本人或外國人。誠實，是最基本的本質。

■找些感興趣卻不知道的事

通常與上司聊天時，大多都能有所學習，不過，上司若與新人去喝酒聊天，似乎沒什麼收穫。

主要因為工作與人生的經驗，幾乎有著天壤之別。前陣子就想說，偶爾也聽一聽年輕人的想法也不錯，就和新進員工一起吃飯，結果期待破滅。

在飯局中我問：「難得今天有這個機會，想問的事情儘管開口。」結果有一位問了一個無關痛癢的問題說：「堀先生，您週末假日都在幹嘛呢？」我回說：「電視採訪也會問些有水準的問題，明明難得的機會什麼都可以問，怎麼會問這種無聊的問題呢？」結果當場每個人都縮回去。

於是，我說：「什麼都好，把你們知道而我不知道的事情說來聽聽，聽了後也許對我有幫助。」（各位讀到這裏是否已經察覺到，這就是表達方式的基礎應用）。

於是有人發問：「堀先生，您知道什麼是SOHURE嗎？」「只知道SEHURE（按：sex friend的日式英文簡稱，意指沒有戀愛關係的性伴侶，俗稱炮友、床伴），沒聽過SOHURE那是什麼？」意思是指時下流行「蓋棉被，純聊天」的「無性床伴」（按：添い寝フレンド〔soine friend〕，語源為陪睡〔添い寝soine〕與朋友〔フレンドfriend〕結合的造語，簡稱為添フレ或ソフレ〔SOHURE〕）。

曾經我只知道性伴侶這個單字，想不到時至今日我才知道，在地球位置上極東的島國日本，經過了半個世紀，男男女女關係的變化與性需求日漸多樣。雖然也不是什麼有用或讓人開心的話題，只是得知一個雜學般的流行語，但至少比「週末假日都在幹嘛」這個話題來得有意思多了。

有機會與上司交談聊天時，要聊些他可能感興趣卻不知道的事。

如此一來，若上司能從中有所收穫時，話題有可能愈聊愈開，最後自己有可能獲得意想不到的收穫。

■能引人注目的說話方式

想練就好口才之前，如果本身沒什麼內涵或素養，其實都是白搭。就像只空有外表毫無內涵的明星，不會有人想搭理。

話說明星們就算是毫無內涵也沒有關係，只要按著劇本照唸就好了。但我們一般人沒有劇本可以照著唸，所以必須充實自己才行。

有內涵的人，即便外表或經歷、頭銜不怎麼樣，但依然能夠散發內在光芒吸引人。那些人為何會具有吸引人的魅力呢？因為他們有理想目標，而為了達到理想目標有所犧牲與努力。

認真努力的姿態，會引起在不同領域、為了不同目標奮鬥者的共鳴，如果是年輕人，看在長輩、前輩的眼裏，會想要伸出援手幫忙拉一把，終能得道多助、邁向成功。

既沒有理想目標也不努力奮鬥的人，看在長輩眼裏一無是處，周遭的人也不會想幫忙或提拔他，結果毫無奧援、一事無成，一直惡性循環下去。

現今的日本社會就是陷入這種惡性循環中，許多人身受其苦。生下來就有標籤的，只皇室成員罷了，多數人生下來都沒有標籤。

而人要如何創造自我價值呢？就是不斷追求理想達成目標提升自我，換句話說，人的價值高低，就是人生的完整體現。

能下定決心朝目標方向努力，就能很清楚知道想讀的書或非讀不可的書。甚至想去認識什麼人，以及想跟什麼樣的人打交道，都能清楚設定對象。

接下來的步驟，就是想想哪些人幫助自己，以及哪裏是適合交談的環境。

做到了這個地步，也終於能進一步去思考，該如何說話、表達才能引起那些人注意的階段。

年輕人大多會將如何練就說話、表達的方式當成優先考量。

若自己不能表現出讓對方覺得想見自己一面，然後當面好好談的樣子，縱使已練就了很好的口才，仍舊無用武之地。與其花時間練習表面話術，不如努力提升自己內涵，做一個「讓人想見自己一面」的人。

■最重要的是持續充實內在

應該有滿多人覺得困擾的是「沒有什麼要努力的目標」，雖然之前沒有，也可以從現在開始設定努力目標。

一年一次，我都會去早稻田大學裏的「大隈塾」講座講課，前些日子在課堂裏，我就問那些聽課的學生「你們上大學是來幹嘛的？」聽到這個問題，一半以上的學生都露出困惑的表情。

想也知道大部分的學生只想：「我根本沒什麼目的，也沒抱什麼理想目標，只不過是以後出社會說自己是早稻田大學畢業，會比較有利而已，就先考進來唸。」

若真要去責怪那些說出心聲的大學生們，那就錯怪他們了。

為何這麼說呢？一直以來，日本的傳統教育方式都是單向填鴨式教育，根本就沒有給這些學生上過課去教育他們，認真思考將來要成為什麼樣的人。

於是，課堂上我就對學生說：「就算什麼都沒想就進來唸大學了，但為了別讓人看扁，至少從現在開始到畢業的這段期間，思考自己想成為什麼樣的人，有個初步的輪廓，就很棒了。」

以我為例，當初大學剛畢業時，對自己未來要走的路也不是很清楚。怎麼說呢？各位看我換了好幾個工作就知道了。我也不是厲害到有資格指點別人，只是經歷幾次轉職之後才有所體會。

大隈塾的講座負責人是我的好友田原總一朗先生，田原先生早稻田大學畢業後，進入岩波電影公司工作，之後進入東京電視台工作，最後成為新聞主播。

而我從東京大學畢業進入《讀賣新聞》擔任經濟記者，之後轉職到三菱商事工作，接著赴美留學取得哈佛商學院MBA學位，進入波士頓顧問公司（BCG）。

要說我跟他哪個比較是走菁英路線呢？從偏差值（按：即標準分數〔standard score〕，表示每位日本學生的學力，可得知自己在全國同屆考生的百分比範圍，但不是精確的名次，藉此推估進入理想學校的可能或擬定入學考試策略。偏差值以五十為平均值，學力位於全國考生的前三一％；若某生偏差值為七十表示該生優秀，學力位於全國考生的前一％。偏差值三十表示該生平庸。）的角度來看，似乎我走的菁英路線，更甚於田原先生。

但若要我來說的話，我會覺得田原先生一開始就目標明確，直直地朝著自己的目標邁進。反觀我的經歷，看似平坦實則充滿荊棘。

我也是直到五十五歲才明瞭自己想做什麼，以大齡之姿創業。

人生就像是在摸索自己想做的事情一般，也有人跟我一樣，是到人生的後半段，才找到自己想走的路。

所以在年輕時就算「沒有想做的事」「看不見未來」也不需要感到著急。

重要的是，不斷充實自己。

因此要時常閱讀增廣見聞，同時和那些能拉自己一把的前輩們，透過溝通維持良好的關係。

【專欄五】誠正信實、表裏如一

我可以很自豪地說，與俱樂部貸款會員們的相處交往，是打從心裏的誠心誠意互相尊敬、彼此信賴，所以才能夠開誠布公、毫無隱瞞，自己會什麼，不會什麼都清清楚楚、明明白白地讓彼此都知道。

能牽動日本一舉一動的要屬政府官員了。若是他們想與這些各部會次長、政府官員會面的話，大概可以幫忙約到一小時左右的面談時間。

為何能約的到呢？主要是因為我們的投資工作與日本官員一樣，與日本未來好壞息息相關，因此能取得官員們的信任。就這一點，我們也很坦白地跟俱樂部貸款會員們說。

又為什麼可以做到這一點呢？因為ＤＩ不只與俱樂部貸款的信賴關係很好，同時也與政府官員們之間的關係亦然。

雖是完全的民營企業卻能做到具有公共性官營特質的這一點，也算是ＤＩ比其他企業厲害的地方。

但若他們要求幫忙約次長級以上的各部會首長時，可能就無法立刻無條件的答應幫忙。畢竟首長級的官員牽扯甚廣，必須小心斟酌利害關係才行。我的原則從來都是絕不會去跟那些收受利益才辦事的人打交道。所以會坦白跟他們說「就算去約，應該也很難約到」。很直接的坦誠相告後，他們也回說「我們了解您的想法和立場，謝謝您」。以這例子來說明良好的溝通基礎在於自己到底會什麼、不會什麼，都應毫無隱瞞的坦誠以告，才是王道。

在商場上若沒有相當的自信真的滿難做到當機立斷的。特別是關係著重要案件的時候，要做到與對方坦誠相見還真需要很大的勇氣。二十至三十歲年輕人因人生社會經歷尚淺，無法講話大聲，但應坦率直接說出來才對。

最好應對的方式，通常會隨著對方是什麼樣的人以及當時的狀況而做調整。我重複強調的是，誠正信實、表裏如一，是最讓人稱讚的處世態度；相對地，見人說人話，見鬼說鬼話是最不好的行為。

不管是自己或對方，每個人都會由衷希望能受到真心相待。

就算不能如願而即便知道會有損利害關係時，仍舊據實相告的態度，必能引起對方的欽佩與同感。或許也可以用其他講道理的方式來贏得對方的信任，但能獲得對方的認同之下所建立的信賴關係，比什麼都有價值。

第六章

口才好到讓人欽佩，所以呢？

■弱點之後也會變成強項

就像我在本書中不斷的強調最重要的是說話的內容，表達方式倒是其次，要設身處地思考，感同身受說出來的話也比較容易讓人理解。

前面也提過，若想改進說話、表達方式最好的方法，就是把練習錄下來十次，就會有所進步。

或者自己在說話時用錄音機、智慧型手機錄音，反覆聽也行。有同伴在場，可以模擬開會或簡報時的場景，練習發問與回答問題。如果沒有同伴在旁，就當是一個人演戲，自己模擬練習。

就像不照鏡子不知道自己的臉長得什麼模樣，同樣地，沒有將說話的方式錄下來重複聽，就無法客觀了解實際狀況。當中覺得不好的地方，記下來修正它。

聽聽看自己會不會說太快？會不會打結？贅詞是否過多？把讓人聽起來覺得不舒服的

地方逐一修正，雖然是土法煉鋼的方式，但想進步，就只能這樣做。

人類成長到某個階段，可以自己站起來、行走、奔跑等，身體的基本能力是與生俱來的。

然而，說話、表達的能力卻並非與生俱來的。說起來，所謂溝通的語言必須要學才會，而為何會稱為「母語」，是因為孩子們大部分都是從母親那裏學會語言。

所以說，比起與生俱來的身體能力，由後天所學習培養的溝通能力會更能延伸。

如果沒有天賦，單靠練習和努力想成為奧運選手，是相當困難的事情。但是，口才不好只要肯下工夫努力練習，要變好並不會太難。

我對說話方式的研究比一般人都要來得透徹，主要是因為長年住在國外（按：作者幼年時期隨外交官父親在英國居住，也曾前往美國留學），許多時候無法使用母語溝通。

居住在國外大多都是用英語，跟英語是母語的人比起來，英語自然比較差。為了彌補英語能力的不足，所以在說話時的抑揚頓挫下了很大的功夫。

如同前述，說話時如何以「轉↓合↓起↓承」維持高潮迭起的排列組合，我也都仔細想過了。

為了彌補溝通能力的不足，所培養出來的能力，變成日後擔任管理顧問時的強項。

把自己說話的樣子錄音下來，發現「我講話怎麼這麼笨拙」，也許有些困窘，但也不用太難過，每個人都會成長的，可以像我一樣，將弱點轉換成強項。

■思考後煩惱是必然的過程

想學習一種專長時，有範本或有對象可以學習模仿是最好的，常言道「學習從模仿開始」。想讓口才進步，可以先找一個「口才不錯」的人，當成學習模仿的對象。不管是同梯的同事、前輩或客戶，只要覺得「跟這個人說話時，說話技巧會突飛猛進」，表示這個人的說話與傾聽的能力一定比自己強。

若自己的周遭都找不到這樣的人，也可以學習模仿電視主播、節目主持人或政治家。將他們的特徵或覺得不錯的地方記下來，模仿練習說說看。

但若只是模仿，無法真正變成自己的說話技巧。

真不好意思，常拿棒球的事來做例子，日本職棒養樂多燕子隊中，有位打者名叫山田哲人，不是說每個模仿他揮棒方式的人，就一定能打擊率達到三成或全壘打三十次以上的成績。

山田選手按照自己的體格與身體狀況來創造最佳的打擊狀態。除了全壘打之外，還有各種的打擊能力都整合起來，活躍於職業棒球界，成績有目共睹。

如果無法整合各種打擊能力，只是單純模仿表面動作或姿勢，是無法進步的。學習說話、表達的方式亦然，要想不只模仿，必須想辦法下功夫才行。

就像是閱讀當過主播的人所寫的書，然後照本宣科讀稿，也沒有動腦筋想過一遍，終究還是無法成為自己的本事，說出來的話語也無法打動人心。

當找到了一個模仿對象，也用錄音機或智慧型手機錄下來重複聽，還篩選了適合自己的部分，最重要的是，這一切都是經過腦袋好好思考過的。

其實這樣的學習模式，不僅適用於說話、表達的方式，可以應用在很多地方。

■重要的事，小聲說、慢慢說

在此重申，反覆練習與模仿學習的重要性，並想傳達我領悟到練習改善口才的最高境界。

說話的方式有「抑揚頓挫」「緩急」「強弱」三大要項。融會貫通之後，就能提高表達能力。

沒有「抑揚頓挫」的說話方式，就像在唸稿一樣，讓人感受不到真心誠意。所以說話時，一定要有抑揚頓挫。

緩急指的是說話的速度，說話速度太快，會讓人聽不清楚；說話速度太慢，會讓人打瞌睡。對方意興闌珊時，會讓我們很難表達出想說的話。所以說話方式不能一招到底，要懂得變化，有時稍微說快一點，又能適時放慢速度

強弱指的是說話聲音的大小聲要能有所調整。用樂器的演奏符號來說明，就是要有

「f」（按：強，義大利文 Forte 的縮寫）大聲與「p」（按：弱，義大利文 Piano 的縮寫），主要是為了避免聽者覺得沒有起伏而感到無趣。

希望對方注意的時候，故意壓低音量，輕聲細語說給對方聽；相反地無關痛癢的事，可用一般音量。也許會讓人覺得是故意的，但這麼做比較能真正達到溝通目的。

試想，想對誰說「這事別傳出去」，一定都會用不讓別人聽見的音量悄悄說。所以，一旦小聲說，就表示「這件事情相當重要」，對方就會很專注地聆聽接下來你要說的事。若用大的音量表達，就相當於直接昭告天下。

如何組合才好？可以反覆一直聽錄音，再調整修正，從中找出自己的說話方式與風格。

千萬不要長時間都用同樣的語調在說話，想像自己是棒球投手，透過配球，不斷變化投球方式、高飛球、低飛球、快速球、慢速球，外角或內角，讓打者揮棒落空。

同樣的方式一直投球，打者一旦習慣球路之後，就揮棒打擊出去了。

同樣地，若說話的方式只是單調的持續進行著，會讓聽者習慣說話的頻率後，聽一聽就睡著了。如此一來，就無法達到溝通的目的。

■小心同音異義的字彙，避免說太快

我與作曲家三枝成彰先生，都加入一個名為「引擎〇一」的公益團體，參加成員有文化藝術者、演藝圈人士、學術人士等大約二五〇人左右，是一個主張推廣日本文化的公益團體。

每年召開一次年會，在那之後會有個座談會。前一陣子我與在電視上滿活躍的一位女性經濟評論家談一個活用資產的話題。

她舉了經營停車場的例子，說明以租借土地的方式經營停車場，營運好的時候，有年利率一五％的獲利。話題內容相當有趣，可惜就是講太快了。

或許她原本講話就很快，因為上電視所以愈說愈快。我也曾上過電視，所以知道日本電視上講話快的人比較受歡迎，這應該是只有日本才有的特殊現象吧。也誤導一般觀眾，以為講得快就是口才好。

雖然想做到說話的速度有緩有急，但就算想趕快把話說完，也沒必要加快說話速度。因為除非字正腔圓，否則說太快很難讓人聽懂。為什麼這麼說呢？因為日語中有許多同音異義的字彙。

比方說「KAKI」這個發音，就有以下這麼多的字彙，像是柿子、牡蠣、火源、夏季、花瓶、槍砲。或者是「KIKAN」，有機關、期間、器官、氣管、歸還、基幹、既刊（已出版）等同音異義的字彙。

為何日本會有那麼多的同音異義的字彙呢？最大的原因在於母音只有五個。再與子音組合。而以少的母音要表現眾多的字彙，於是必然會有許多的同音異義的字彙產生。

從前由中國傳入漢字時，因中文發音不同，只好用日語的同音去分別發音。

同音異義字彙一多，有時無法瞬間分辨出到底在說哪個字。可能要推敲上下文脈絡才知道在講什麼。所以說太快，會讓人很難一時連貫上下文而了解在說什麼。

同音異義的字彙唯一的優點，就是可以用在雙關語遊戲。

講太快還有一個缺點，就是不容易有抑揚頓挫，話一下子就帶過，搞不清楚重點在哪。明明內容很好，卻因為講太快，導致一大半的聽眾都讓人聽不懂，這對雙方都是損失。

所以，說日語時，必須了解到日語講太快會有這個缺點，在說重點時一定要放慢說話的速度。

■以三分鐘的演講來練習掌握時間

想正確無誤的將自己的想法傳達給對方時，必須盡可能在簡單的對話下功夫。多餘的形容詞、客套話、贅詞都省略，只傳達重點。能做到這點，表示有站在對方的立場表達。

在職場上，若未能察覺自己正在浪費對方時間，還滔滔不絕說個不停，並不會讓人有好印象。即使是很有趣的事情，要能點到為止，才算高明。

每個人的時間都很寶貴，優秀的職場工作者應該懂得節省時間成本，訓練自己用最短時間傳達一件事情。

在我上電視演出不久後，曾做過一項工作，就是在民營電視台新聞節目最後的一分四十秒，說明當天的新聞重點。

因為是全國現場直播，所以不容許出錯，播完會立刻進廣告，多說一秒、少說一秒都不行。多說了怕中途被切掉，少說了又怕進廣告前幾秒的空檔時間難熬。

最好的就是剛好一分四十秒。在那之前一、二秒說完，也只能算剛好及格而已。

每回節目開始前，導播就會走到攝影棚外，到我的旁邊對著我說：「堀先生，請開始說」預演一下。講完後又會對我說：「剛才的預演用了一分三十七秒，等一下正式開始時，請再多拖延三秒」，每次開始前都會這樣預演一次。我上那個節目一年總共五十幾次，多虧那個節目，我現在才能以身體時鐘計時。

即使是婚宴的致詞，一樣會在心裏計算著「說到這應該已經過三分鐘了，表定五分鐘的致詞只剩下二分鐘了」，下意識地計算時間，不知不覺培養時間感。

要培養時間感的不二法門，就是不斷反覆練習。如同第五章提過的，在歐美，學校課堂上會有時讓學生們有三分鐘的發表時間，除了可以練習說話和表達的方式，同時還可以訓練培養時間感。

在日本婚宴中，最怕遇到那種沒什麼內容卻說的又臭又長的致詞，歸咎於致詞者沒時間感。我曾參加過無數次的婚宴，聽那些致詞，多數都是這種制式化內容「我是被指名致詞的某某人，很榮幸受邀致詞，原本有諸位前輩在座，還輪不到我致詞，但由於被指名，所以只好由我來獻醜了」，像這種說了一大串的前言，根本沒什麼意思，聽了只會感到無聊。

為何不學學歐美人士以三分鐘來發表，試試效果如何？感覺「三分鐘比想像中的還要短」，會怕自己講話超過三分鐘。如同第一章所述，一般人集中注意力聽的時間約十三分鐘，可以分成三分鐘一個話題，那麼十三分鐘就有四個話題可以說了。

也就可以獲得「簡單明瞭、話題豐富」的好評與讚賞。

■掌握說話的方式

不論是演講或商業人士之間的對話，能否一開始就抓住了聽眾的心，這點很重要。在落語中稱為「枕」，而在綜藝娛樂術語中稱為「抓住」，利用「枕」抓住並吸引觀眾，讓想表達的內容更簡潔易懂。

以前我在上海演講時，我會以這樣的開場白來講：「大家有去過東京嗎？有的人請舉手。」一問之下，三分之一以上的聽眾都舉手。「看起來有很多人都去過東京，去東京時應該有在東京用餐過吧。有沒有人在東京吃過中國菜？」繼續問下去，還是有三分之一以上舉手。「覺得東京的中國菜比北京的中國菜好吃的人，請舉手。」舉手的人數依然不減。（聽說上海人討厭北京人，所以才故意不問：「比上海的中國菜好吃嗎？」）又繼續問：「覺得東京的中國菜比北京的中國菜難吃的人，請舉手。」最後的問題，就沒有幾個人舉手了，我知道了抓住的「枕」是什麼，就此打住沒再往下問。

「東京是很棒的都市，而且，東京的中國菜，比北京的還好吃。」聽我這麼一說，無論是沒去過東京的人，還是有去過東京但沒吃過中國菜的人，大家一起爆笑。像這種抓住聽眾注意力的話題（枕）就很不錯。比起開場不用「枕」，而直接起承轉合的演講，更能引起聽眾的共鳴。

在歐美國家，也是以玩笑開場，之後再導入正題。像美國總統的幕僚在總統要召開會談時，都會絞盡腦汁想開場的玩笑，以炒熱氣氛。

■讓人輕鬆易懂的小故事

話題太抽象或太難懂，會造成對方聽不下去，所以，說到一半時，最好能穿插小故事，會比較容易聽懂。

所以，平時就應該多準備一些小故事以備不時之需，或利用閱讀來增廣見聞，以豐富人文素養。

能炒熱氣氛的小故事，可分為二種：

第一種是最近具有新聞話題性的，最好趁對方的記憶猶新時。

最近增加了許多來日本自助旅行的中國人，在東京、銀座一帶，可以看到許多中國大陸來的觀光客大量採買。

我說：「前一陣子，開車經過銀座時，看見許多的中國觀光客。每個人手上都大包小包的，中國觀光客在銀座買了許多的名牌貨，可是，他們不買其中有一家的名牌貨，你們知道是哪一家嗎？那就是 LV 皮包，基本上幾乎大家人手一個，就算在銀座買一個真的 LV 皮包回國，可是因為仿冒品太多，大家都不會相信是真貨，所以不想買。」結果聽眾聽了，心有同感哄堂大笑。

「中國仿冒品文化的背景」這種聽起來比較嚴肅的話題，就可以用這種輕鬆的小故事穿插其中，如此一來，聽眾才不會覺得無聊而聽不下去。

第二種就是借助名人。就算不是新鮮話題，大家也都會覺得很了不起而願意聽。

在我的演講中，常以我和交情好的三枝成彰、林真理子、秋元康等人之間的對話當成小故事。

即便對音樂和文學沒什麼興趣的人，都還是或多或少有聽過這幾個人的名字，所以多少都有興趣聽。

一般的讀者很少有機會認識名人，所以，也可以講一些歷史人物，像是拿破崙、愛因斯坦、康德、織田信長等偉人的事蹟。

同時，還要趕快去發掘新的話題，不然到時候聽眾聽膩了會說：「呃！又是這個老哏。」像是「聽說拿破崙每天只睡三個小時」，這件事早已是眾所皆知，就像結婚致詞上說「百年好合、早生貴子」一樣，都屬於老掉牙的事。

想說拿破崙，可以說些別，像是：「拿破崙最後流放到西非的聖赫倫那島，度過生命的最後六年，他一共讀了三千本的書，大約一年讀五百本，不知各位一年讀多少書呢？」如此這般，多去發掘類似這種鮮為人知的趣聞。

同時，別忘了再怎麼有趣的事情，還是會過期，每次重複講也會膩，聽的人也會覺得愈來愈無趣。

以我的經驗來談，同樣的小故事大概講個五、六遍都還可以，講到七、八遍時，雖然很順，但也開始有些膩了。

聽的人也會和說的人有同感，一旦說的人失去熱情，聽的人也就沒有那麼專心。

■熟練到可以對著天空演講的程度

當我在演講時，我不會看著小抄照本宣科。

平時職場上的商談或會議，也都不用看小抄，因為已經把要說的都記在腦子裏了，所以不用看。婚宴的致詞也都不用看稿，只會將寫著新郎、新娘名字的小紙條，放入胸前的口袋，主要是怕唸錯了新郎、新娘的名字，為了保險起見才放進去。

若是不看稿或小抄就不會講，那表示自己並沒有對要說的事物夠熟悉。自己都不熟悉的事，只是隨便說出來，根本無法引起對方共鳴。

如同日本政治家說的話一樣，絲毫都引不起任何共鳴。他們只是照著幕僚們為他們準備好的講稿唸而已，根本就沒有搞清楚內容。

不論是對誰講什麼，不能做到不看稿或小抄，會有點麻煩。

一定要練習做到可以對著天空講話，把要說的話都記在腦袋中，若沒做到這一點，就是對於聽者失敬。

■說話時，正視對方的眼睛

說話時，不是盯著原稿或小抄，而是要注視著聽者的眼睛。

雖然是很理所當然的事，但是，滿多人講話時眼睛不看對方或眼神飄忽不定。

如同前述，眼睛是身體部位裏，唯一透露大腦訊息的地方，大腦所想的都會反映在靈魂之窗，即使嘴巴能說謊的大有人在，可是眼睛能說謊的卻是少數。

眼睛若能說謊的人，必定是當代稀有的詐騙大師。

眼睛會反應出人真實的想法，「我沒做什麼不可告人的事，也沒有要欺騙任何人。」所以，更應該看著對方的眼睛，不然對方會以為我們心虛。

但現在有許多的年輕人明明沒做壞事，卻不敢直視對方的眼睛。

或許沒有經驗也沒有實力的年輕人缺乏自信，因此不敢正視對方的眼睛，但試著克服軟弱，勇敢直視對方的眼睛，也是很重要的練習。

希望年輕人能鼓起勇氣，抱著「我既沒自信又不擅長看著對方眼睛說話，但是，前輩一直教我必須要直視對方說話，所以今天就努力試看看」的心情。

通常想了解的一切，都會從對方的眼中透露訊息，假使避開對方的眼睛，那要如何做好溝通呢？對方不關心、不感興趣的事自顧自地滔滔不絕，只會讓人覺得話不投機半句多。對方興趣在哪？想知道些什麼？自己說的事情是否吻合對方感興趣的話題呢？

與對方眼神交會，一邊看著對方的反應，一邊說對方感興趣的話題，會讓對方覺得「跟那個人說話很愉快」「下次還想見面聊」，能夠心靈相通地交流。

提升工作的品質，也漸漸有自信之後，就能看著對方的眼睛說話。

這樣良性循環下去，溝通能力也會逐漸變好，「不看對方的眼睛就能練成好口才」是不可能的事情。

■模仿 KATOKAN 先生

其實我說話、表達方式都是模仿一個人，那個人就是加藤寬（KATOH Hiroshi，一九二六－二〇一三年），大家都暱稱他為 KATOKAN。

KATOKAN 畢業於慶應義塾大學，對日本經濟政策的理論與實踐有很大的貢獻，是一位偉大的經濟學者。

他也是將日本國鐵 JR 民營化的主要功臣之一。長年在政府稅制調查會裏，從事稅制調查整合的工作。

此外，他還導入並推動間接稅制度，功不可沒。

與 KATOKAN 一起在慶應義塾大學任教的經濟學者，還有一位竹中平藏先生，他曾任小泉純一郎內閣的經濟財政政策暨金融大臣，主要處理泡沫經濟後的不良債權處理。

雖然二個人都有擔任過國家改革的重要任務，相較之下，KATOKAN 還是勝出許多。

KATOKAN跟那些老學究不一樣，也在大學裏當教授，各方面都吃得開，又很能拉攏人心，是個少見的天才。經常讚美別人，讓人聽了心花怒放。

我從他的身上學到很多，久而久之，也內化成為我的一部分。其中有好幾次還受到他的關注，有幾回他突然打電話來，針對我的說話方式提供指導。

「不小心打開電視就看到你，評論的內容相當不錯，但那講法稍微有點不妥，應該這樣講會比較好。」

接到這種電話時，我除了有些吃驚之外，其實內心充滿感動。有一種受到前輩關懷的感受，覺得人與人之間的交流和人際關係都豐富起來了。

■話藝，不是話術也不是內容

接下來，我舉幾個 KATOKAN 的例子。他會在演講一開場時說：「這些事，應該大家早就都知道的吧？」結果之後講的內容，是幾乎百分之九十九的人都沒聽過的事。

本以為他要說的是大家都知道的，結果卻是一些聽都沒聽過的，原來他那樣開場，意思是告訴聽眾之後有重要訊息。

KATOKAN 還有一種獨特的說話方式，那就是剛中帶柔，明明是很嚴厲的話，卻用婉轉的方式說出來。他也很會說雙關語，有些聽起來刺耳的話，他卻可以用雙關語來說，不會讓人覺得不愉快，真的滿佩服他這一點。

他說官僚的壞話時：「那些政府官員都是東大畢業很厲害的人，卻沒一個派上用場的，把他們比喻成鳥的話，大家知道是哪種鳥嗎？是九官鳥，在座各位知道九官鳥的漢字怎麼寫嗎？」然後他在白板上寫的不是「九官鳥」而是「舊官僚」（按：日文的同音異義字），真不知道他是臨時想到，還是事先想好。諸如這樣的雙關語，可以說得恰到好處、點到為止。

像武術高人一樣，他厲害到根本看不見招數，形同「話藝」。還能讓人看破，表示說話技巧尚未到達爐火純青的程度，只能說是話術。而在高人的戰鬥姿態中，KATOKAN則是採取以柔克剛的方式，無論從哪邊切入攻擊，他都可以輕易反擊回去。

我始終不及KATOKAN，他的「話藝」已到出神入化的境界。

■幽默，是與生俱來的特質

要能像 KATOKAN 那麼輕鬆地將幽默帶入話題中，就說話方式來說，算是相當高明的。有些幽默可以反映時代與地域的特徵，必須依不同的狀況來做調整。

比方說，古代希臘有留下三十多篇以上的希臘悲劇故事，就以現代的眼光標準來看，屬於傑作的故事還算滿多的。但相對地，希臘的喜劇故事僅殘留不到二十篇，稱得上傑作或佳作的也不多。

其中一個原因，就是喜劇比悲劇更具有時代與地域的色彩，所以隨著時代的變遷或地域的不同，也就沒有那麼有趣好笑的可以引起共鳴了。

日本的搞笑表演吉本新喜劇現在已在全國電視台上播放，其實最早期只限定在關西地區演出而已。

但是，直到目前為止，我還搞不清楚吉本新喜劇到底有什麼有趣好笑的。

將高層次的幽默帶入話題中，能夠更充實談話溝通的內容；然而但若是層次較低的搞笑，卻會造成反效果；就像我不覺得吉本新喜劇有哪裏好笑是一樣的，幽默因人而異，有時反而讓人覺得笑話好冷。

與其刻意展現幽默，還不如多花點心思，想想看如何不著痕跡將幽默融入話題中。不只是模仿達人就好，更應該想像當自己站在舞臺上時，該如何完美演出才是。

其實，幽默感與歌唱能力、運動能力很像，天生就很會唱歌、運動能力超強的大有人在，而且，確實也有不少人是儘管再怎麼努力練習，依舊是五音不全或是和運動絕緣的人。這一點與幽默感很像，所以，若真的不行就別太勉強，把時間花在多閱讀，充實知識培養人文素養，以及自己比較拿手的領域，才能讓時間成本發揮最大效益。

【專欄六】日久見人心：說話的本質，在於內涵和素養

管理顧問的最終任務，就是向企業客戶提出最好的建議方案，像是「建議貴公司能具體實施這些經營策略」。

結論大概會用五十頁左右的簡報來做總結，然後在企業客戶的高階主管面前，做最終報告的簡報。當然，會有個中間報告，也大概會有一百張左右的簡報。

以前任職波士頓顧問公司（ＢＣＧ）時，一個案子大約收費一億日圓，嘴巴比較壞的客戶就會調侃我：「堀先生，您可真厲害，簡報一頁價值一百萬日圓。」

五十多頁最終方案的簡報，主要來自三至四個提案。

這三至四個提案主要由各個業界中，擁有豐富經驗的資深管理顧問所整理出來的。經過無數次的會議重複討論，最後將三、四個集結成最終提案。

最終報告的簡報，是由最優秀的公司高階主管來做，比方說是某甲，通常某甲是管理顧問中的最高主管，相當於企業層峰。

某甲是滿獨特的人物，怎麼說呢，不只是自己做的簡報能說得頭頭是道而已，就連別人做的簡報，也能說得比做簡報的人更精采。

可以說，某甲真的很高明，因為那些簡報都是當事者才有辦法完整地說出來。

不僅如此，還要讓客戶能理解，雖有補充說明的簡報，但單靠這些補充說明，哪能說的比做簡報的人要來得好呢？倘若真能學到這種技巧，還真是不可多得的人才。

到目前為止，在我近四十年的管理顧問生涯中，遇過不下數萬名的管理顧問，能做到這樣的只有二人，而這種人真的是特例中的特例。

我在書中不只一次提到，如果本身沒什麼人文素養和內涵，千萬不能企圖用話術或表達技巧掩飾。因為不論在職場上或生活中，日子一久，就會露出馬腳。

國家圖書館出版品預行編目資料

說話的本質：好好傾聽、用心說話，話術只是技巧，內涵才能打動人 / 堀紘一（Koichi Hori）著；周紫苑譯. -- 二版. -- 臺北市：經濟新潮社出版：英屬蓋曼群島商家庭傳媒股份有限公司城邦分公司發行, 2021.08

面；　　公分. --（經營管理；141）

譯自：心を動かす話し方

ISBN　978-986-06579-1-3(平裝)

1.職場成功法　2.人際傳播　3.說話藝術

494.35　　　　110008478